名著伴你成长系列丛书

太有趣了，名著！

图说昆虫记

《太有趣了，名著！》编写组◎编

陈金凤◎译

[法] 法布尔◎原著

读懂经典文学名著，
爱读会写学知识

★ 听故事学知识
★ 跟名师精读名著
★ 名著读写方法指导

SPM
南方出版传媒
广东经济出版社
·广州·

图书在版编目（CIP）数据

太有趣了，名著！图说昆虫记 /《太有趣了，名著！》编写组编；陈金凤译. —广州：广东经济出版社，2021.4
（名著伴你成长系列丛书）
ISBN 978-7-5454-7437-4

Ⅰ.①太… Ⅱ.①太… ②陈… Ⅲ.①昆虫学－青少年读物
Ⅳ.①Q96-49

中国版本图书馆CIP数据核字（2020）第226668号

策　　划：李　鹏
责任编辑：赵　娜　何绮婷　区凌志　陈　晔
责任技编：陆俊帆
封面设计：读家文化

太有趣了，名著！图说昆虫记
TAI YOUQU LE，MINGZHU! TUSHUO KUNCHONG JI

出版人	李　鹏
出　版发　行	广东经济出版社（广州市环市东路水荫路11号11~12楼）
经　销	全国新华书店
印　刷	广东鹏腾宇文化创新有限公司（珠海市高新区唐家湾镇科技九路88号10栋）
开　本	889毫米×1194毫米　1/32
印　张	7
字　数	174千字
版　次	2021年4月第1版
印　次	2021年4月第1次
书　号	ISBN 978-7-5454-7437-4
定　价	28.00元

图书营销中心地址：广州市环市东路水荫路11号11楼
电话：（020）87393830　邮政编码：510075
如发现印装质量问题，影响阅读，请与本社联系
广东经济出版社常年法律顾问：胡志海律师

建议配合 二维码 一起使用

读懂经典文学名著
爱读会写学知识

扫描下方
二维码
即可获得

听故事学知识　听原汁原味故事，学名著考试知识

跟名师精读名著　名师带你精读100本世界名著

名著读写方法指导　会阅读更会运用，成为写作小能手

微信扫码

出生日期：1823.12.22　　逝世日期：1915.10.11

职业：博物学家、昆虫学家、科普作家

出生地点：法国南部

毕业学校：阿维尼翁师范学校　　爱好：探求真理

代表作品：《昆虫记》《自然科学编年史》

法布尔

◆ 求 学 经 历

1830 年	进入私塾读书
1833 年	进入王立学院，学习拉丁语和希腊语
1837 年	进入埃斯基尔神学院学习
1840 年	进入阿维尼翁师范学校学习
1846 年	通过蒙贝利大学数学专业的入学考试
1847 年	取得蒙贝利大学数学专业的学士学位
1848 年	取得蒙贝利大学物理学专业的学士学位

◆ 工 作 经 历

1838 年	以卖柠檬、做铁路工人等方式自力更生
1844 年	在卡尔班托拉税务署工作
1849 年	任职科西嘉阿杰格希欧国立高级中学的物理教师
1859 年	担任鲁基亚博物馆馆长
1866 年	受聘为阿维尼翁师范学校物理教授
1894 年	荣膺法国昆虫学会荣誉会员
1902 年	荣膺俄罗斯昆虫学会荣誉会员

◆ 主 要 作 品

1857 年	发表《节腹泥蜂习性观察记》
1879 年	《昆虫记》第一卷首次出版
1907 年	《昆虫记》全书首次出版

◆ 相 关 评 价

昆虫世界的荷马。	——雨果
讲昆虫生活的楷模（指《昆虫记》）。	——鲁迅
罕见的观察者。	——达尔文

内容简介

  《昆虫记》是法国杰出昆虫学家、文学家法布尔的主要著作之一，又叫《昆虫物语》《昆虫学札记》和《昆虫世界》。

  《昆虫记》涵盖了法布尔一生对昆虫的观察与研究，也穿插了法布尔人生的种种经历，字里行间洋溢着法布尔对生命的尊重与热爱。在《昆虫记》中，法布尔将专业知识与人生感悟融于一体，在对昆虫的日常生活习性、特征的描述中，体现出他看待生活世事的特有眼光。

  《昆虫记》不仅是一部研究昆虫的科学巨著，同时也是一部讴歌生命的宏伟诗篇。《昆虫记》誉满全球，在法国自然科学史与文学史上都有较高的地位，更被誉为"昆虫的史诗"。

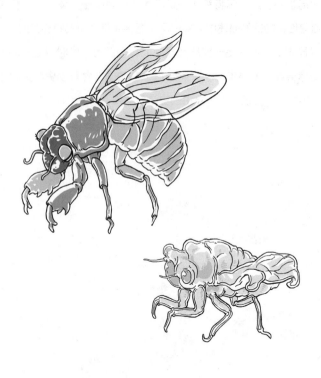

目录

微信扫码

读懂经典文学名著，
爱读会写学知识
★ 听故事学知识
★ 跟名师精读名著
★ 名著读写方法指导

01 红蚂蚁

主角：红蚂蚁
别称：亚马孙人

特点：
没有方向感，但有准确的记忆力

生活习性：
不会抚育儿女，也不会寻找食物，掠夺黑蚂蚁的儿女并占为己有。

　　红蚂蚁很多事情都不会做，它们用一种我们人类看来"不道德"的方法来解决生存问题。另外，作者还通过反复试验证明了红蚂蚁不是依靠直觉认出回家的路，而是靠准确的记忆力来记路的。

　　把鸽子带到几百里远的地方，它依然能回到自己的鸽巢；燕子在非洲度过整个冬天后，仍然能穿越千山万水重返旧巢。

　　《动物的才智》的作者图塞内尔认为：鸽子找到方向凭借的是视力和气象。达尔文大师认为：有一种人类机体所没有的，甚至根本无法想象的感官，指引着身处他乡的鸽子、燕子、猫、石蜂及其他许多动物返回自己的家。

　　除了人类所具备的各种感官之外，自然界另外还存在着一种感官，这种未知的感官是否也为膜翅目昆虫身体的某一个部分所拥有，并通过某个特殊的器官发挥着作用呢？大家立刻会想到触须。

　　然而我通过实验得出结论：触须不具有指向感。那么哪个器官具有这种感觉呢？我不知道。

　　我所知道的是：如果石蜂被剪掉了触须，它们回到蜂窝后就不再继

　　膜翅目（mó chì mù）：昆虫纲中的一个目，它包括各种蜂和蚂蚁。膜翅目中昆虫的体长不等，最大的翅展达10厘米，最小的膜翅目昆虫的翅展只有1毫米，是昆虫中最小的。

续工作了。触须就是石蜂的精密仪器，就像是建筑工人的圆规、角尺、水准仪、铅绳。

我通过实验发现有四种昆虫能够返回窝巢：棚檐石蜂、高墙石蜂、三叉壁蜂和节腹泥蜂。我是否可以就此毫无顾忌地推而广之，认为所有的膜翅目昆虫都有这种从陌生地方返回故居的能力呢？对此我非常谨慎，因为据我所知，眼下就有一个十分能说明问题的反例。

红蚂蚁是一种既不会抚育儿女，也不会出去寻找食物的蚂蚁。它们为了生存，只好用不道德的方法去掠夺黑蚂蚁的儿女，把它们养在自己家里，将来这些被它们占为己有的蚂蚁就永远沦为了奴隶^①。

六七月炎热的午后，我经常看到这些"亚马孙人"走出兵营，出发远征。它们的队伍可达五六米长。

强盗红蚂蚁队伍的远征路线长短不一，取决于附近黑蚂蚁窝的数量。有时候只要走十几步、二十步的距离就够了，可有时候却要走五十步、一百步，甚至更远的距离。

至于远征的路途如何，行进中的红蚂蚁毫不关心。回来的路线却是铁定不变的：红蚂蚁们去时走哪条路，回来时就走哪条路，不管这条路有多么蜿蜒曲折，也不管它经过哪些地方，又是多么艰难困苦。

想要减轻疲劳的话该怎么办呢？只需稍稍偏离先前的路线就可以

①体现了红蚂蚁的生活习性，反映了自然界弱肉强食的生存规律。作者采用了拟人的修辞手法，表达了强烈的思想感情。

谨慎（jǐn shèn）：对外界事物或自己的言行密切注意，以免发生不利或不幸的事情。

了，在不到一步开外的地方，就有一条平坦的好路，可红蚂蚁们对这条近在咫尺的归途却视而不见。

有一天，我发现它们又出去抢劫了，它们排着队，沿着池塘砌砖的内侧行进。池塘里的两栖动物前一天已被我换成了金鱼。呼啸的北风从侧面横扫队伍，把整排整排的蚂蚁都刮到了水里。金鱼们蜂拥而至，张开大口，吞噬着落水者。红蚂蚁宁愿再一次被屠杀，也不愿换一条路线[①]。

如果这些"亚马孙人"在远征途中随意兜圈，经常走不同的路，那么它们回家识途的困难就会陡增。一定是这个原因，它们养成了原路返回的习惯。

据说，蚂蚁是靠嗅觉来指路的，而嗅觉器官似乎就是那动个不停的触须。对这个看法我不敢苟同。首先，我不相信嗅觉器官会是触须，理由前面已经说过了；其次，我希望通过实验，证明红蚂蚁不是靠嗅觉来指引方向的。

我花了整整几个下午等候我的"亚马孙人"出窝，而且常常无功而返，这实在太浪费时间了。于是我找了一个帮手，她就是我的孙女露丝，在孙女的帮助下，我做了一个实验，实验似乎肯定了嗅觉的作用。

---

①语言生动形象。结尾用"宁愿……也不……"表选择关系的关联词进行总结，简洁有力地体现了红蚂蚁遵循原路返回准则的坚定信念。

无功而返（wú gōng ér fǎn）：没有任何成效而回来。

红蚂蚁在道路被截断的四个地方都表现出了明显的犹豫。它们最后之所以仍能从原路回来，可能是因为扫帚扫得还不够彻底，使一些有气味的粉末仍然留在了原地[①]。

几天后，我制定了新的计划。像"小拇指"那样把石子撒在蚂蚁走过的地方，我从中选取了一个最有利于我试验的地点，做了一个"激流"实验。

这一次，蚂蚁们犹豫了很长时间，不过终究直接从侧面绕道走到了原路上。实验似乎说明嗅觉起着作用，蚂蚁仍然从原路回来，这也可能是扫得不彻底，一些有味的粉末仍然留在原地的缘故。因此，在表示赞成或反对嗅觉的作用之前，我必须在更好的条件下再进行实验，去掉一切有味的材料。

几天后，我认真制定了计划。蚂蚁们非常小心，宁死也不会丢失猎获的战利品。总之，它们好歹渡过了激流，而且是沿着既定路线渡过的。

激流实验之后，我觉得路上气味的解释就行不通了，因为地面事先早就被冲洗干净，而且在蚂蚁渡河的过程中，水流一直在不断更新。如果蚂蚁走过的路上真的有甲酸的气味，这是我们的嗅觉闻不到的。

后来，我等来了蚂蚁的第三次出动。在它们走过的路上，我用刚从花坛里摘下的几把薄荷擦了擦地面，然后把薄荷叶盖在稍远处的路上。

①作者通过实验印证了红蚂蚁嗅觉的作用，但考虑到实验条件还不够完备、科学，实验结果肯定会有出入，这体现了作者对科学严谨认真的态度。

经过这两次实验——一次是用激流冲洗路面，另一次是薄荷掩盖气味——我认为，再也不能把嗅觉说成是指引蚂蚁沿出发时的路线回窝的原因了。

这一次，我只是在路中央铺了一些大大的纸张和报纸。在前面不远处，我还设计了另外一个圈套：在它们的路线上铺了一层薄薄的黄沙。单是这样的颜色变化，就足以使蚂蚁们迷惑好一阵子。最后，这个障碍也同样被蚂蚁逾越了。

我铺的黄沙和纸张以及报纸并不能使路上可能留有的气味消失，而蚂蚁们却每次都表现出同样的迟疑，并且都停了下来。很显然，指引它们按原路回家的不是嗅觉，而是视觉。可是，光靠视力是不够的，"亚马孙人"还具备对地点的准确记忆力。蚂蚁的记忆力！它会是怎样的呢？它跟我们的记忆力有什么相似之处吗？这些问题，我回答不上来。但我可以用寥寥几行话告诉大家，这虫子一旦到过某个地方，就能把这个地方准确无误地记在脑子里①。

---

①作者通过实验证明了蚂蚁在沿途景观改变的情况下能原路返回与记忆力有很大的关系。

寥寥（liáo liáo）：非常少。

我们再进行一次同样的实验，这次把"亚马孙人"放到了北边。红蚂蚁虽然多少有一点犹豫，也朝各个方向试探，但最终还是归队，因为它熟悉那片地方。

作为膜翅目昆虫，红蚂蚁根本不具备其他膜翅目昆虫所拥有的方向感。它只能记住到过的地方，仅此而已。哪怕是两三步远的偏离，就足以使它迷路，无法与家人团聚。

02　蝉和蚂蚁的寓言

主角：蝉
身材："巨人"
生存地点：
有橄榄树的地区
生活方式：自力更生
评价：
歌唱家、勤劳的能
工巧匠

主角：蚂蚁
身材：小个子
生活方式：
掠夺、抢劫
评价：
不折不扣的、贪婪
的剥削者

蝉蜕变过程：
幼虫从土穴中爬出，爬
到树上，壳从背部裂
开、脱皮，变成蝉。

　　传说整个夏天，蝉不做一点事情，只是终日唱歌，而蚂蚁则忙于储藏食物。冬天来了，蝉为饥饿所驱，只好跑到它的邻居那里借一些粮食，结果它遭到了难堪的待遇。法布尔以一个科学家的严谨和求实精神，通过认真的观察、研究，得出结论：蝉实是一位歌唱家，是一位勤劳的能工巧匠，而蚂蚁才是不折不扣的、贪婪的剥削者。

　　名声大多是靠传说故事传开来的，而无稽之谈无论是在有关动物还是人类的故事中，都能找到踪迹。尤其是昆虫，如果说它以某种方式引起了我们的注意，那是靠了民间传说才走运的，而民间传说却最不关心故事的真实性[①]。

　　那朗朗上口的短小诗句告诉我们，严冬到来的时候，蝉跑到邻居蚂蚁家去讨吃的。这乞丐不受欢迎，得到的是一个令人心碎的回答。那两行短短的答话粗鲁而充满嘲弄：

　　你那么热衷于唱歌，这真令我高兴。
　　那么，你现在该去跳舞了。

　　与蝉精湛的演奏技巧相比，这两句诗给它带来了更大的名声。诗和其他童话故事一样，已经深深地刻进了孩子们的心里。

　　蝉生长在有橄榄树的地区，所以大多数人都没听过蝉的歌声。可它在蚂蚁面前的那副沮丧样儿却老少皆知。名声就是这么来的！一个违背自然历史、只适合妈妈讲述的小故事，居然造就了蝉狼狈的名声。

　　儿童是极为优秀的记忆器。习惯和传统一旦保存到他们记忆的档案中，就会变得难以摧毁。蝉这么出名，应归功于儿童。

　　造成这种荒唐的错误，责任究竟在谁？拉·封丹，他的大多数寓言观察细致入微，令我们着迷，但在蝉这件事上他却考虑欠周。他寓言中出现的山羊、猫、老鼠、狐狸等动物主角之所以描写得生动准确、

────────────────────

①对各种传说的真实性提出质疑，引出了下面对蝉的传说的真实性的怀疑。

细致入微，那是因为这些动物都是他的同乡，它们生活在他的眼皮子底下。而拉·封丹生活的地方没有蝉，他从来没听到过它的歌声，也从来没见过它的身影。他心目中的这个著名歌手肯定是蚱蜢。

画家格兰维尔的画笔与这著名的寓言可谓相得益彰。其实，格兰维尔也不知道蝉的真正模样，倒是出色地再现了那个普遍的错误。

但是，这个寓言最初起源于希腊——一个盛产橄榄和蝉的国家。作者是希腊人伊索，是蝉的老乡，那他应该对蝉有充分的了解。在农村，再没有见识的农民也知道冬天是绝对没有蝉的。差不多每个耕地的人，都熟悉这种昆虫的幼虫。天气渐冷的时候，他们在给橄榄树根培土时，可以随时掘出这些幼虫。他们不止一次见过这种幼虫从土穴中爬出，爬上树枝，以及壳从背上裂开，脱去它的皮，变成一只蝉[1]。

希腊人在乡间见不到印度人说的那种昆虫，就随随便便地把蝉给放了进去，就像在"现代雅典"巴黎一样，蚱蜢代替了蝉。还是设法给这位被寓言诋毁的歌唱家平反吧，不过，它也确实讨厌，从早到晚地鼓噪，它

---

[1]作者从自然常识和生活经验入手，证实了《伊索寓言》中冬天蝉向蚂蚁乞讨的情节是不可能发生的，因为蝉在冬天是没法在地上生活的。

鼓噪（gǔ zào）：泛指喧嚷。

们的奏鸣曲又震耳欲聋，致使我的思路总受到打扰。

有的时候，蝉也确实与蚂蚁打一些交道，但是它们与前面寓言中所说的刚刚相反。蝉并不靠别人生活，它也从不到蚂蚁门前去求食，相反倒是蚂蚁为饥饿所驱，乞求、哀恳这位歌唱家。我不是说哀恳吗？这句话，还不确切，它是厚着脸皮去抢劫的。

七月的下午热得令人窒息，可是蝉却跟普通的昆虫不一样，它用小钻头一样的喙，刺进取之不尽的酒窖中。然后，它把吸管插到钻孔中，一动不动，聚精会神，津津有味地畅饮着，完全沉浸在糖汁和歌唱的甜美中①。

我们再观察一会儿，发现一大群口干舌燥的家伙在东张西望地转悠着，它们发现了这口"井"，"井"边渗出来的汁液把它暴露了。这群家伙一拥而上，开始还有点儿小心翼翼，只是舔舔渗出来的汁液。我看到匆忙赶到甜蜜的"井"口边的有胡蜂、苍蝇、球螋、蛛蜂、金匠花金龟子，最多的是蚂蚁。

①写出了蝉的生活习性，让我们获得科普知识的同时，又使我们认识到蝉能够自食其力。

震耳欲聋（zhèn ěr yù lóng）：形容声音很大。
窒息（zhì xī）：因外界氧气不足或呼吸系统发生障碍而呼吸困难甚至停止呼吸。
喙（huì）：鸟兽的嘴。

那些个子小的为了走近清泉，从蝉的肚子下通过；那些大一点儿的昆虫，不耐烦地跺着脚，快速地吸了一口就离开，到旁边的树枝上去兜了一圈，然后更加大胆地回来。它们越发贪婪起来，刚才还有所收敛，现在已变成了一群乱哄哄的侵略者，一心要把开源引水的凿井人从泉水边赶走①。

我曾看见过蚂蚁一点一点儿地咬蝉的爪尖，拉扯蝉的翅尖儿，爬到蝉背上，挠着蝉的触角。还有一只蚂蚁竟然抓住蝉的吸管，拼命想把它拔出来②。

这个"巨人"终究因为没有耐心而放弃了"水井"，逃走了。可对

①采用了拟人的修辞手法描写了以蚂蚁为首的掠夺者，在口干舌燥的情况下大肆侵略的情景，以及其迫不及待的心理。
②采用一系列的动词，生动形象地写出了蚂蚁为达到目的，用尽各种方法，突出了蚂蚁的贪婪和霸道。

收敛（shōu liǎn）：减轻放纵的程度。

蚂蚁来说，目的达到了，它成了这口"井"的主人了。但是它们占据了"水井"，却没有办法汲水，"井"很快就会干涸。等有机会，再以同样的方式去喝上一大口。

大家看到了，事实的真相把寓言里虚构的角色彻底倒了过来。在抢劫的时候肆无忌惮、毫不退缩的求食者，是蚂蚁；而甘愿和受难者分享成果的能工巧匠，是蝉。

感 悟 启 示

作者对各种传说提出了质疑，并通过自己的观察和引用各种事实资料为蝉正名翻案，反映了作者尊重事实和对昆虫的无比热爱之情，也体现了作者信奉科学、追求真理的情怀。

读懂经典文学名著，
爱读会写学知识
微信扫描目录页二维
码，获取线上服务

能工巧匠（néng gōng qiǎo jiàng）：工艺技术高明的人。

03　蝉出地洞

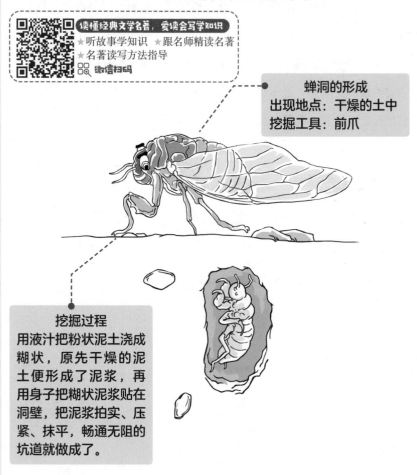

蝉洞的形成
出现地点：干燥的土中
挖掘工具：前爪

挖掘过程
用液汁把粉状泥土浇成糊状，原先干燥的泥土便形成了泥浆，再用身子把糊状泥浆贴在洞壁，把泥浆拍实、压紧、抹平，畅通无阻的坑道就做成了。

　　在本章中，作者详细地观察了蝉的生活和它的地洞，并提出了两个问题：一个是蝉如何固定地洞中的土；另一个是蝉把挖出的土放到哪里了。通过长时间的观察和多次实验，作者发现蝉是靠身体排出的一些尿液来混合泥土，并调合成黏土来固定地洞。作者还发现，蝉会利用一些昆虫来把挖出的土吃掉。

蝉洞约深0.4米。洞呈圆柱形，因地势的关系而有点弯曲，但始终要靠近垂直线，这样路程是最短的。洞的上下之间完全畅通无阻。想在洞中找到挖掘时留下的浮土那是徒劳的，哪儿都见不着浮土。洞底是个死胡同，成为一间稍微宽敞些的小屋，四壁光洁，没有任何与延伸的通道相连的迹象。

根据洞的长度和直径来看，挖出的土有将近200立方厘米。挖出的土都跑哪儿去了呢？在干燥易碎的土中挖洞，洞坑和洞底小屋的四壁应该是粉末状的，如果只是钻孔而未做任何其他加工的话，容易塌方。可我却惊奇地发现洞壁表面被粉刷过，涂了一层泥浆。蝉的幼虫——这个毫不逊色的工程师用泥浆涂抹四壁，让地洞长期使用而不堵塞[1]。

如果我惊动了蝉的幼虫的话，它会爬回小屋里去，这就说明此洞即使不用了，也不会被浮土堵塞。因为这个上行管道不是匆忙赶制而成的，而是幼虫要长期居住的宅子，因为蝉的幼虫要在地下待四年。毫无疑问，这也是一种气象观测站，幼虫在洞内可以探知外面的天气如何。幼虫成熟之后要出洞，但在深深的地下它无法判断外面的气候条件是否适宜。

幼虫一直都在耐心地挖土、清道、加固垂直洞壁，但却不把地表挖穿，而是与外界隔着一层很薄的土层。在洞底它修建了一间小屋，那是它的隐蔽所、等候室，如果气象报告说要延期搬迁的话，它就在里面歇息。只要稍微预感到风和日丽的话，它就爬到高处，透过那层薄土盖子

①细致地写出了蝉洞的样子，并且对蝉的挖洞技术进行了赞美，称其为"毫不逊色的工程师"。

探测，看看外面的温度和湿度如何①。

但令人不解的是，挖出的浮土都跑到哪儿去了？洞内与洞外都见不到踪影，尤其是这如炉灰一般的干燥泥土，是怎么弄成泥浆涂在洞壁上的呢？

困难来自另一个方面。蝉洞是在干燥的土中挖掘而成的，只要土始终保持干燥，那就很难压紧、压实。为了清除掉碍事的浮土，蝉应该是有一种特殊的法子的。我们来试试解开这个谜。我们仔细观察一只正在往洞外爬的幼虫，它或多或少总要带上点或干或湿的泥土。它的挖掘工具——前爪尖上沾了不少的泥土颗粒，其他部位像是戴上了泥手套，背部也满是泥土。它就像是一个刚捅完阴沟的清洁工。

再顺着这个思路往前观察一下，蝉洞的秘密就解开来了。它身体内充满了液体，就像是患了水肿。用指头捏住它，尾部便会渗出清亮的液体，弄得它全身湿漉漉的。这种由肠内排出来的液体是不是一种尿液？或者只是吸收液汁的胃消化后的残汁？我无法肯定，为了说起来方

①作者对蝉的幼虫挖洞的情节进行了详细介绍，并且将蝉的"地洞"比作"隐蔽所""等候室"，形象而贴切。

湿漉漉（shī lù lù）：形容物体潮湿的样子。

便，我就称它为尿吧。

这个尿液泉就是谜底。幼虫在向前挖掘时，也随时把粉状泥土浇湿，使之成为糊状，并立即用身子把糊状泥压贴在洞壁上。这具有弹性的湿土便糊在了原先干燥的土上，形成泥浆，渗进粗糙的泥土缝隙中去。拌得最稀的泥浆渗透到最里层，剩下的则被幼虫再次挤压，堆积，涂在空余的间隙中。这样一来，坑道便畅通无阻了，一点浮土都不见了，因为已被就地和成了泥浆，比原先的没被钻透的泥土更瓷实、更匀称①。不过，尽管幼虫身上积满了液体，但它还是没有那么多的液体来把整个地洞挖出的浮土弄湿，并让这些浮土变成易于压实的泥浆。蓄水池干涸了，就得重新蓄水。从哪儿蓄水，又如何蓄水？我觉得隐约地看到问题的答案了。

我挖开了几个地洞，发现小屋壁上嵌着粗细不等的树根须。露出来可以看得见的树根须短小，只有几毫米。根须的其余部分全都植在周围的土里。这种液汁的源泉是幼虫偶然遇上的，还是特意寻找的？我倾向于后一种答案，因为至少当我小心挖掘蝉洞时，总能见到这么一种根须。它刨出一点根须，嵌于洞壁，而又不让根须凸出于壁外。这墙壁

①写出蝉挖洞的具体过程，揭示了洞壁光滑、坑道畅通无阻的真正原因，让读者大开眼界，学到了更多的科普知识。

干涸（gān hé）：（河道、池塘等）没有水。

上有生命的地点，我想就是液汁的源泉，幼虫尿袋在需要时就可以从那儿得到补充。如果由于用干土和泥而把尿袋用光了，幼虫矿工便下到自己的小屋里去，把吸管插进根须，从那取之不尽的水桶里吸足水。尿袋灌满之后，它便重新爬上去，继续干活儿，把硬土弄湿，用爪子拍打，再把身边的泥浆拍实、压紧、抹平，畅通无阻的通道便做成了。情况大概就是这样的，虽然没法直接观察到，而且也不可能跑到地洞里去观察，但是逻辑推理和种种情况都证实了这一结论①。

读懂经典文学名著，爱读会写学知识

微信扫描目录页二维码，获取线上服务

①交代了蝉的幼虫在挖洞时，把干土和成泥的液体的来源。虽然只是逻辑推理，但和实际情况非常吻合。

04　蝉的蜕变

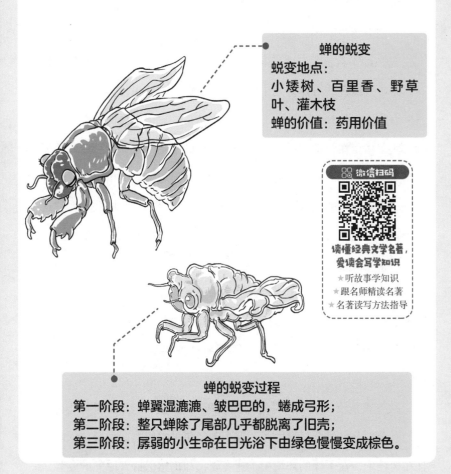

蝉的蜕变
蜕变地点：
小矮树、百里香、野草叶、灌木枝
蝉的价值：药用价值

微信扫码

读懂经典文学名著，
爱读会写学知识
★听故事学知识
★跟名师精读名著
★名著读写方法指导

蝉的蜕变过程
第一阶段：蝉翼湿漉漉、皱巴巴的，蜷成弓形；
第二阶段：整只蝉除了尾部几乎都脱离了旧壳；
第三阶段：孱弱的小生命在日光浴下由绿色慢慢变成棕色。

　　本章重点描写了蝉的蜕变过程，以及蝉的药用价值。作者分三个阶段介绍蝉的蜕变过程，最为详细的是第一阶段，也就是除了蝉尾以外的其他部分的蜕变。作者还通过实验证明了蝉蜕变时需要外界力量的支撑，否则难以完成这个过程。

蝉的幼虫，初次出现在地面上时，常常在附近徘徊，寻找适当的地点——一棵小矮树，一丛百里香，一片野草叶，或者一枝灌木枝，作为支撑点来脱掉身上的皮。找到后，它就爬上去，用前足的爪紧紧地握住，头朝上丝毫不动。

幼虫的中胸首先沿背部的中线开裂。从边缘处开始，裂缝慢慢被撕开，露出浅绿色的身体。几乎就在同一时刻，前胸也开裂了。纵向的裂纹一直向上延伸到头的后面，向下则抵达后胸，但不再向更远处扩张。接着头罩横着在眼睛前面开裂，露出红色的眼睛。先前开裂露出的那部分绿色的身体膨胀起来，尤其在中胸的部位形成一个突出物。它缓缓抖动着，随着血液的涌入和回流而一胀一缩。一开始，我们并不明白这个突出物的作用。可现在，它就像一个楔子，使幼虫的胸甲沿着阻力最小的两条十字形直线裂开。开裂后幼虫的头已经解放出来了，喙和前爪也正在慢慢地从套子里脱出。蝉的身体水平悬挂着，腹部朝上。然后，在敞开的旧壳下面，后爪是最后伸出来的。蝉翼湿漉漉、皱巴巴的，蜷成弓状，像是发育不全的残肢。这是蝉蜕变的第一阶段，只要十分钟就够了①。

接下来是第二阶段，时间要长一些。这时候，蝉除了尾部还留在壳内，其余部分已经全部自由了。那个曾经包裹它们的旧壳现在依然牢牢挂在树枝上，在干燥的环境中迅速变硬，却仍然保持着原先的姿势，一

①者对蝉第一阶段的蜕变进行了细致的描述，动作描写得十分传神，给人身临其境之感。

膨胀（péng zhàng）：由于温度升高或其他因素，物体的长度增加或体积增大。

20

点都没有变化。

　　然后，它会表演一种奇怪的体操，身体腾起在空中，只有一点固定在旧皮上，翻转身体，使头向下，花纹满布的翼，向外伸直，竭力张开。于是它用一种几乎看不清的动作，又尽力将身体翻上来，并且用前爪钩住它的空皮，用这种运动，把身体的尖端从鞘中脱出，全部的过程大约需要半个小时。

　　整个过程中，有两个支撑点：先是尾部，再是前爪尖；有两个主要动作：第一是往下翻跟头，第二是翻回去，恢复到正常的姿势。这样的运动需要幼虫固定在一根树枝上，头朝上，并且下方有足够的运动空间。

　　在短时期内，这只刚被释放的蝉，还不十分强壮。它那柔软的身体，在还没具有足够的力气和漂亮的颜色之前，需要洗一个长长的日光浴、泡一个长长的热气澡，使自己更加强壮。两个小时过去了，蝉似乎并没有发生什么明显的变化。它只用前爪挂在已脱下的壳上，摇摆于微风中，依然很脆弱，依然是绿色的，直到棕色的色彩出现，才同平常的蝉一样①。假定它在早晨九点钟爬到树枝上，大概在十二点半，才弃下它的壳飞去。那壳有时挂在枝上长达几月之久，甚至

----

　　①作者将蝉的一举一动都赋予了人的思想行为，使它们与人有了丝丝缕缕的相通之处。

在冬天，还可以经常看到一些蝉壳。

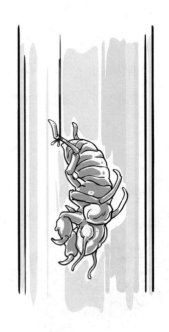

有关蝉的蜕变我做了两个实验。第一个实验我用线系住了蝉的一条后腿，把它悬挂在没有气流的试管里。这是一根重垂线，没有什么能改变它的垂直状态。

我着手的另一项实验是，把幼虫装进一个广口瓶，在瓶底铺上一层薄沙，使幼虫可爬行，却没办法在任何地方直立起来。

我通过实验证明了蝉有能力对影响它蜕变程序的外力做出反应。蝉的幼虫就像包含着种子的果实，而种子就是幼虫。幼虫可以控制外壳的开裂，将其推迟到合适的时间，如果外部条件不利，它甚至可以不进行蜕变。尽管蜕变前体内的激烈变动一再发出强烈的信号，但只要告诉它条件不佳，幼虫就会拼死抵抗，宁死也不裂开。

马蒂约是一位优秀的博学者，他应该很了解他所研究的亚里士多德，我对他深信不疑。他说："亚里士多德称赞说，在幼虫挣脱外壳之前食用蝉，鲜美无比。"在亚里士多德眼里，蝉在挣脱外壳之前的味道最为鲜美。

捕捉蝉的幼虫应当在夏天，那时候，只要认真寻找，就能在地面上见到一只又一只蝉的幼虫。注意，那是不让幼虫外壳开裂的、真正的、唯一的时机，也是赶紧捕捉、准备烹调的时刻。只要再晚几分钟，壳就裂开了。

　　我敢肯定，对于油炸蝉幼虫这种美食，亚里士多德肯定没有尝过，我的烹饪结果就是证明。亚里士多德本是出于善意，可能没想到的是，他传播的只是一个农民的玩笑话。他那"神的美食"简直就是天方夜谭。

　　至于蝉的药用价值，药材鼻祖迪约斯科里德告诉我们："蝉，干嚼，对膀胱疼痛有疗效。"关于蝉的利尿作用，听起来有点可笑，如果你知道了蝉的特长，应该就不会有这种想法了吧。

金蝉的药用价值

　　《中国药材学》记载，金蝉有益精壮阳、止咳生津、保肺益肾、抗菌降压、治秃抑癌等作用。蝉蜕富含甲壳素、异黄质蝶呤、腺苷三磷酸酶，常用于治疗外感风热、咳嗽音哑、咽喉肿痛、风疹瘙痒、目赤目翳、破伤风、小儿夜哭不止等症状。

感悟启示

　　对于蝉来说，时间就是生命！在地下等待四年，就是为了蜕变的那一天和短暂的歌唱。它们愿意经历充满困难和挑战的痛苦过程，来成就绚烂多彩的生命。其实，任何成功的背后都要付出艰辛的努力，蝉是如此，人也一样。

读懂经典文学名著，爱读会写学知识

微信扫描目录页二维码，获取线上服务

转，一会儿朝这边，一会儿朝那边。这样，所有寻找配偶的雄萤火虫经过附近时，无论它是在地面还是在空中，总能看到那时不时闪现着的召唤它们的尾灯①。

萤火虫交尾时，灯光会暗下去很多，几乎要熄灭，只剩下尾部最后一节的小灯还亮着。

很奇特的是，萤火虫的卵是发光的，甚至当它们还在母亲腹部的两侧时也是如此。卵产出后不久就开始孵化。萤火虫的幼虫，无论雌雄，在身体最末尾的一节都有它们家族的标志——两盏小灯。

从生到死，萤火虫总是放着亮光。卵是如此，幼虫也是如此，但它的照明技术到底又有什么作用呢？非常遗憾，我对此一无所知。

①形象的描述，突出了萤火虫寻找配偶时的动作和形态。

05 蝉的歌唱

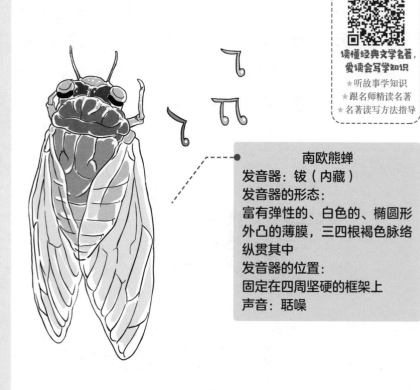

南欧熊蝉
发音器：钹（内藏）
发音器的形态：
富有弹性的、白色的、椭圆形
外凸的薄膜，三四根褐色脉络
纵贯其中
发音器的位置：
固定在四周坚硬的框架上
声音：聒噪

本章从物理学的角度讲解了蝉的发音器官结构和发音的基本原理，作者还通过实验证明了蝉的听觉器官并不灵敏。

　　我们平时所说的蝉的发音器官就是指南欧熊蝉的发音器官。在雄蝉的胸前，紧靠后腿的下方，有两块宽大的半圆形盖片，右边的微微叠在左边的上面。这是发音器的气门、顶盖、制音器，也就是音盖。如果把它们掀起，就能看到两个宽敞的空腔，一左一右，在普罗旺斯，人们称它们为"小教堂"。两个"小教堂"合起来叫"大教堂"。它们的前端是一块柔软细腻的乳黄色膜片，后端是一层干燥的薄膜，像肥皂泡一样呈彩虹的颜色，这在普罗旺斯语中被称为"镜子"①。

　　我们可以打碎镜子，用剪刀剪去音盖，把前端的乳黄色薄膜撕碎，但这并不能使蝉停止歌唱。这只是使歌声弱了一点，音质差了一点而已。两个"小教堂"是共鸣器，它们并不发声，而是通过前后两片薄膜的振动使声音加强，并通过音盖的开合改变音色。

　　真正的发音器官在别处，新手一般难以找到。在两个"小教堂"的

①此处具体介绍了蝉发音器官的结构，描写细致深入，采用了打比方的说明方法，语言简练，通俗易懂，比喻生动形象。

外侧，腹部和背部的交接线上，开着一个扣眼大小的孔，孔的周围是角质的外壳，上面遮盖着音盖。我们把这个孔叫作"音窗"，或者称之为"音室"，它通向一个空腔。

我们在音室的外壁上开了一个很大的洞。于是，发音器——钹——便露了出来。那是一小片干燥的薄膜，白色，椭圆形，向外凸起，三四根褐色的脉络纵贯薄膜，使它富有弹性，音钹整个儿固定在四周坚硬的框架上。

我们回到"大教堂"来，把挡在两个"小教堂"前端的黄色薄膜撕开，露出两根粗大的肌肉柱子，它们呈淡黄色，相交成V字形，V字形的尖顶立在蝉腹部的中线上。柱子的顶端像是被截过似的，突然中断，从截断处延伸出一根又短又细的弦，分别连着对应一侧的音钹。这就是蝉所有的发音器官，那两根肌肉柱子一张一弛，靠顶部的弦牵动相应的音钹，让它们变形，然后放开，让它们依靠自身弹簧的作用迅速复位。于是，两块发声片就这样产生了振动[1]。

蝉的音盖是两块坚硬的盖片，嵌得很牢，本身不会动，是靠腹部的鼓起和收缩才使"大教堂"打开和关闭的。腹部收缩的时候，盖片正好堵住"小教堂"和音室的音窗，于是声音就变得微弱、嘶哑、沉闷。

第二种蝉叫山蝉，叫声烦人，简直就是酷刑。它没有音室，也没有音室的入口——音窗。它的音钹露在外面，直接长在后翼与身体连接处的后方。它同样是一块白色干燥的鳞片，向外凸起，上面贯穿着5根红

---

[1] 作者从物理学的角度对南欧熊蝉发音器官的结构和原理进行了介绍。同时运用了形象的比喻，如大小教堂、大镜子、音盖等，描写得形象逼真。

褐色的脉络。

从腹部的第一节向前伸出一块又短又宽的簧片，簧片很硬，可以活动的一端靠在音钹上。这簧片就像木铃的簧片，不过它不是贴在旋转槽轮的齿上，而是或多或少地抵着振动着的音钹的脉络。在我看来这就是原因之一，导致山蝉的鸣声那么沙哑刺耳。

它的音盖也不是相互交叠，而是分开的，相互之间隔得较远。音盖和腹部的坚硬簧片一起，将音钹遮住一半，而音钹的另一半则完全裸露在外。

山蝉会腹语！如果我们对着光线观察它的腹部，就会发现腹部前面三分之二的部分是半透明的。我们用剪刀把后面三分之一不透明的部分剪掉，这里有着所有用来繁衍后代、维持生存的器官，它们被挤压在一个小得不能再小的空间里。被剪去三分之一的腹部敞开着，露出一个很

大的空腔，空腔里只剩下一层皮。除了背部，那里有一层薄薄的肌肉，里面埋着几乎如线一样细的消化道。这个空洞的腹部，以及胸腔的补充部分，就是一个巨大的共鸣器，我们这个地区的任何一个歌唱能手都没有这样的共鸣器①。

山蝉叫声嘶哑的原因，可能是木铃的簧片触到了振动中的音钹的脉络；而声音响亮的原因，显然是腹部这个巨大的音箱的作用。

红蝉的发音器官与南欧熊蝉和山蝉的相似。它和南欧熊蝉的相似之处，在于它是通过腹部的晃动，使"大教堂"打开或关闭，进而调节声音的强弱；而它和山蝉的相似之处，则在于音钹外露，没有音室和音窗。

此外，红蝉的腹部和南欧熊蝉的一样，可以从下到上、从上到下地大幅度运动。通过这种腹部的振动，配合腿部的叶片开合，红蝉可以随心所欲地把"小教堂"开到任何程度。

红蝉的歌唱也是抑扬顿挫，分成不同阶段的，不过，它不像南欧熊蝉那么聒噪。它的声音之所以不够响，可能是没有音室的缘故。

另外还有两种蝉，一种叫黑蝉，另一种叫矮蝉。矮蝉是我们地区中体型最小的一种蝉。它和普通的虻差不多大，只有约2厘米长。它的音钹是透明的，上面有3根不透明的白色脉络；音钹被皮肤的褶皱勉强遮

---

①详细地描述了山蝉的发音器官，并通过列数字和作比较的方法来说明山蝉的共鸣器之大。

随心所欲（suí xīn suǒ yù）：一切都由着自己的心意，想怎么做就怎么做。
抑扬顿挫（yì yáng dùn cuò）：（声音）高低起伏和停顿转折。

住，但还能完全看得见。矮蝉没有音室。只要回过头来想一想，我们就会发现，只有南欧熊蝉有音室，其他蝉都没有。

我认为蝉也听不见自己所唱的歌曲，不过是想用这种强硬的方法，强迫他人去听而已。

蝉有非常清晰的视觉。它的五只眼睛，会告诉它左右以及上方有什么事情发生，只要看到有谁跑来，它会立刻停止歌唱，悄然飞去。然而喧哗却不足以惊扰它，你尽管可以站在它的背后讲话、吹哨子、拍手、撞石子。要是换作了小鸟，虽然没有看见你，应当早已停止歌唱，逃之夭夭了。可是蝉却无动于衷，若无其事地继续歌唱①。

后来通过实验，我们保守地认为，蝉的听觉很不发达，好像一个极聋的聋子，它对自己所发的声音是一点也感觉不到的！

① 采用了拟人的修辞手法，体现了蝉的眼睛的奇特性，特别是动词和形容词的使用，给文章增色不少。

逃之夭夭（táo zhī yāo yāo）：逃跑，是诙谐的说法。

金蝉救场

古希腊有两位名噪全国的音乐大师——爱诺莫斯和阿里士多。一天，这两位艺术家正在雅典展开一场轰动全国的竖琴冠军赛。论竖琴演奏技巧，爱诺莫斯略胜一筹。可不曾想，当爱诺莫斯正在扣人心弦地演奏时，竖琴的琴弦突然断了。在这千钧一发的时刻，恰巧飞来一只鸣蝉，把琴声继续下去了。爱诺莫斯只好顺水推舟，模拟蝉的鸣叫而假装演奏。他模拟得很逼真，真假难辨。当然，他也赢得了这场比赛。为了感谢蝉的"救场"之恩，爱诺莫斯便在竖琴上装饰了蝉的画像，以此纪念。

读懂经典文学名著，爱读会写学知识
微信扫描目录页二维码，获取线上服务

06 蝉的产卵及孵化

蝉的产卵
地点：**垂直的树枝**
过程：**沿着直线，把产卵管从上而下刺进树枝**
状态：**一动不动，仰着头**
数量：**蝉一次产卵300～400枚**

蝉的孵化
时间：**十月初**
过程：**卵前部出现的两个栗褐色小圆点，是正在发育的眼睛；幼虫前期很像鱼，从蝉卵里出来的小虫像一只船，身体光滑，没有绒毛**
分类：**大幼蝉、中等幼蝉、小幼蝉**

在本章，作者通过自己的实验，详细而科学地介绍了蝉的产卵地点、产卵的方式以及蝉卵的孵化过程。

南欧熊蝉常常都在细细的干树枝上产卵。它尽可能地寻找细细的枝条，从麦秸到笔杆粗细的树枝都可以，枝条要有一层薄薄的木质，里面还要有丰富的木髓。只要这些条件都满足了，什么植物都无所谓。

产卵的细枝绝不能卧在地上，而是接近垂直的状态，而且一般长在原来的树干上；偶尔也会有断枝，但必须是竖立的。

蝉的产卵过程就是一系列的穿刺工作，就像用一根大头针，针尖自上而下斜插进树枝，撕裂木质纤维，把纤维挤出来，形成浅浅的凸起。

如果枝条不匀整，或者是有好几只蝉先后都在同一根枝条上产过卵，刺孔的分布就比较混乱，让人眼花缭乱，分不出刺孔的顺序以及是哪只蝉的卵。但有一个特征是不变的：翘起的木枝条的倾斜方向表明，蝉总是沿着直线，把它的产卵工具从上而下刺进树枝。

每个刺孔都通向一个钻在枝条髓质部分的斜斜的洞穴，洞穴没有被蝉特意封闭起来。产卵时被钻开的木质纤维，在蝉产卵管的双面锯离开后，又重新合拢。

洞穴就紧接在钻孔口之后，那是一根细细的管道，差不多占据了这个刺孔口到前一个刺孔口之间的所有空间。洞穴内蝉卵的数量变化很大，每孔

眼花缭乱（yǎn huā liáo luàn）：眼睛看见复杂纷繁的东西而感到迷乱。

6～15个不等，平均是10个。蝉产卵时一般会钻30～40个孔，因此，蝉一次要产300～400枚卵①。

真是个庞大的家族，蝉能够以庞大的数量来对付许多可能发生的重大毁灭性灾难。

蝉产卵是在出地洞两三星期后，也就是七月中旬左右。七月十五日起，我就发现一些蝉栖息在阿福花上，正在产卵。产妇总是单独待着，每只雌蝉待一根枝条，用不着担心会有竞争者来妨碍它。

蝉产卵时总是仰着头，它任由我凑近观察，即使用放大镜观察也是如此，因为它完全沉浸在产卵中。那1厘米左右的产卵管，整个斜斜地插进枝条，钻孔看起来并不太艰难，因为它的工具非常完善。我看见蝉微微扭动，腹部尾端先胀大然后收缩，频频颤动。蝉就这样产卵，它开动双面钻头交替插进木质中，动作非常轻柔，几乎难以察觉。产卵过程没什么特别的，蝉一动不动，从产卵管第一次钻下去到卵穴里装满卵，大概需要十分钟②。

之后蝉有条不紊地将产卵管慢慢抽出，以免把产卵管扭弯。这个钻出来的孔会由于木质纤维的合拢而自动关闭，然后蝉沿着直线方向爬到高一点的地方，距离正好与它的钻孔工具一样长。在那里，蝉重新钻孔凿穴，产下10多枚卵。它就这样从下往上，一级一级地产卵。

在同一根木质枝条上，蝉为什么会向左或向右偏呢？蝉喜欢温

①采用了列数字的说明方法，具体介绍了蝉刺孔的数量和产卵的数量，语言准确精练，体现了本书科普性强的特点。
②具体介绍了蝉产卵的过程，描写细致深入。多处采用了动词和形容词，使文章更加生动形象，给读者留下了深刻的印象。

暖，选择的都是最容易晒到太阳的方向。

　　有很多次，当蝉沉浸在母亲的工作之中，把卵排放好的时候，一种也长着钻孔器、很不起眼的小飞虫，就开始干起消灭蝉卵的勾当。这是一种小蜂科昆虫，身长四五毫米，全身漆黑，节状触角末端渐粗，钻孔器固定在腹部中央，伸出来时与身体中轴线成直角，位置与褶翅小蜂的钻孔器差不多。我所清楚了解的，是它那不声不响的野蛮行径，尽管它就靠在这个抬抬足就能把它压扁的庞然大物身边，可是它却恬不知耻，胆大包天①。

　　蝉一结束产卵，就会有一只跟在它身后忙活的小飞蝇前来取而代之，把自己毁灭性的疫苗接种到蝉卵里。当雌蝉产完卵飞走的时候，它的大部分洞穴里都有了外族的卵。不久，异族的卵抢先孵化出来的幼虫，将以洞穴里的10多枚蝉卵为食，取代蝉的后代，独占一间居室。

①自然界有一种小飞虫专门以蝉卵为食物，养活自己的卵。作者对这种小飞虫的样子描写得很具体，并对它的野蛮行为进行了谴责。

庞然大物（páng rán dà wù）：外表上庞大的东西。
恬不知耻（tián bù zhī chǐ）：做了坏事满不在乎，不以为耻。

下面我们主要讲一下南欧熊蝉，通过它的故事，我们可以知道其他蝉的情况。

九月还没结束，闪着象牙白光泽的蝉卵就变成麦子般的金黄了。十月初，卵前部出现了两个明显的栗褐色小圆点，这是正在发育的眼睛。

小家伙的头形和黑眼睛，尤其是腹部的鳍，让它看起来比卵更像一条微型鱼。从蝉卵里出来的小虫就像一只小船，两只前足连在一起，在腹部形成一只朝后的单桨，它的体节，尤其是腹部的体节非常清晰，整个身体非常光滑，没有一丝绒毛。

蝉的初龄幼虫形状非常适合出窝。幼虫孵化时钻出来的小道非常窄，只勉强够一只爬出来。而且，蝉卵是成行排列的，不是头尾相接，而是部分重叠在一起。

根据明显的体形差异，幼蝉可以分成三类：大幼蝉，已经长出翅膀，就像幼虫从地洞里钻出来时一样；中等的和小的。各个不同等级的幼虫，应该对应着不同的虫龄，而南欧熊蝉在地下生活的时间大概是四年。

它在空中的生活时间比较容易估算。接近夏至，我听到第一声歌唱，一个月后，音乐会达到高潮。很显然，九月的歌唱家并不和夏至时的演奏家同时登场。取首尾两个日期的平均数，我可以知道，蝉在空中的生活时间大概是五个星期。

在地下艰苦劳动四年，在阳光下欢乐一个月，这就是蝉的生命。不要再责备成年蝉那狂热地高唱凯歌了吧！它在黑暗中待了四年，穿着皱

巴巴的肮脏外套，用镐尖挖掘泥土；如今这个满身泥浆的挖土工，突然换上高雅的服饰，长着堪与飞鸟媲美的翅膀，沐浴在温暖的阳光下，陶醉在这个世界的欢乐中。为了庆祝这得之不易而又如此短暂的幸福，歌唱得再响亮也不足以表示它的快乐啊[①]！

蝉的一生

　　蝉的一生命运多舛。刚出生的蝉卵可能会遭到一种小·蜂科昆虫的野蛮侵略，被其抢先孵化出来的幼虫所消灭。随后，幸存的蝉卵，经过阳光轻吻刺激，变成初龄幼虫爬出洞外，经历一次蜕皮之后，成为普通的幼虫。脆弱的幼虫随风飘落在坚硬的岩石上、车辙的积水中、不毛缺粮的沙地里……在霜冻来临之前，它们钻进深深的土里。在黑暗的地下，它们靠根的汁液为生，直至完成其漫长的成长使命。

①这段话写出了蝉从蝉卵到成虫的过程是多么艰难，表达了作者对蝉的尊重与爱怜之情。同时也暗示了人如果想要有华丽的蜕变，就必须要经过坚持不懈的努力和奋斗。

07 螳螂的捕食

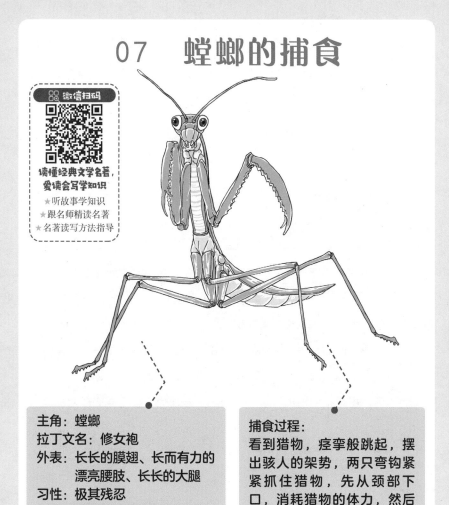

主角：螳螂
拉丁文名：修女袍
外表：长长的膜翅、长而有力的
　　　漂亮腰肢、长长的大腿
习性：极其残忍
工具：锋利的臂膀是其可怕的
　　　掠夺工具

捕食过程：
看到猎物，痉挛般跳起，摆
出骇人的架势，两只弯钩紧
紧抓住猎物，先从颈部下
口，消耗猎物的体力，然后
再慢慢吃光猎物。

　　本章介绍了螳螂捕食的过程。开头运用了欲抑先扬的写作手法，告
诉人们虽然螳螂有美丽的外表，但是美丽的外表背后却隐藏着残酷的习
性；进而引出下文对螳螂的捕食工具和捕食过程的介绍；最后通过实验
证明了螳螂捕食猎物时先咬住颈部的原因——迅速制服猎物，减少体力
消耗。

螳螂，拉丁文名为"修女袍"，因其长长的膜翅似修女长袍而得名。又因为人们把这种奇特的生物看成是一位传达神谕的女预言家，一个沉湎于神秘信仰的苦修女。因此，古希腊人早就把这种昆虫称为"占卜者""先知"。

它的种种祈祷似的神态掩藏着许多残忍的习性，那两只祈求的臂膀是可怕的掠夺工具，如果不提它的工具，它没有惊人之处。它的身躯与前爪相比，反差极大。它的腰肢异常地长而有力，其功能就是向前伸出狼夹子，不是坐等送死鬼，而是去捕捉猎物。捕捉器稍有点装饰，颇为漂亮。腰肢内侧饰有一个美丽的黑圆点，中心有白斑，圆点周围有几排细珍珠点作为陪衬。

它的大腿更加长，宛如扁平的纺锤，前半段内侧有两行尖利的齿刺。里面一行有十二颗长短相间的齿刺，长的黑色，短的绿色。长短齿刺相间增加了啮合点，使利器更加锋利有效。外面的一行简单得多了，只有四颗齿刺。两行齿刺末端有三颗最长的。总之，大腿是一把双排平行刃口的钢锯，其间隔着一条细槽，小腿屈起可放入其间①。

小腿与大腿有关节相连，伸屈非常灵活，它也是一把双排刃口钢锯，齿刺比大腿上的钢锯短些，但更多、更密。末端有一硬钩，其尖利可与最好的钢针相媲美。钩下有一小槽，槽两侧是双刃弯刀或截枝剪。这硬钩是高精度的穿刺切割工具，让我一看到就觉得后怕。昆虫中没有

①对螳螂的重要捕食部位——大腿进行了重点描写，写出了螳螂大腿的样子和结构组成，充分说明了螳螂的大腿在捕食过程中的重要性。

祈祷（qí dǎo）：一种宗教仪式，信仰宗教的人向神默告自己的愿望。

谁比它更难对付的了。

螳螂在休息时，看上去并不会伤害别人，但是，一旦猎物突然出现，捕捉器的那三段长构件突地全部张开，末端伸到最远处，抓住猎物后便收回来，把猎物送到两把钢锯之间。老虎钳宛如手臂内弯似的，夹紧猎物，这就算是大功告成了①。

想对螳螂的习性进行系统研究的话，必须要在家中饲养，饲养它也不难。我是八月下旬开始在路边干草堆中或荆棘丛里看到成年螳螂的。肚子已经很大了的雌性螳螂日渐增多，而它们的瘦弱的雄性伴侣却比较少见，我有时得花很大的劲儿才能给我的那些雌性"俘虏"配对，因为囚笼中那些雄性小个子经常被悲惨地吃掉。

雌性螳螂饭量极大，喂养时间长达数月，所吃食物几乎必须每天更换，其中的大部分都被浪费掉了。

当我看到笼子里的螳螂一见到面前的各种猎物便勇猛地冲上前去的劲头儿，我便毫不怀疑它们在野地里遇见类似对手时也一定是毫不畏缩的。

①一系列动词的运用，如"全部张开""抓住""夹紧"，把螳螂的整个捕食过程完整地展现了出来，过程十分迅速也十分精彩。

螳螂看到肥大的蝗虫在金属罩的纱网上冒冒失失地靠近，痉挛般地惊跳起来，突然摆出骇人的架势。鞘翅随即张开，斜拖在两侧；双翼整个儿展开来，似两张平行的船帆立着，宛如脊背上竖起阔大的鸡冠；腹端蜷成曲棍状，先翘起来，然后放下，再突然一抖，放松下来，随即发出"噗、噗"的声响，宛如火鸡展屏时发出的声音一般，也像是突然受惊的游蛇吐芯儿时的声响。它身子傲岸地支在四条后腿上，上身几乎呈垂直状。原先收缩相互贴在胸前的劫持爪，现在完全张开，呈十字形挺出，露出装点着一排排珍珠粒的腋窝，中间还露出一个白心黑圆点。这黑的圆点恍如孔雀尾羽上的斑点，再加上那些象牙质的纤细凸纹，就是它战斗时的法宝，平时是密藏着的，只有在打斗时为了显得凶恶可怕、盛气凌人，才展露出来[①]。

螳螂以这种奇特的姿态一动不动地待着，目光死死地盯住大蝗虫，对方移动，它的脑袋也跟着稍稍转动。这种架势的目的是显而易见的：螳螂是想震慑、吓瘫强壮的猎物，如果后者没被吓破了胆的话，后果将不堪设想。螳螂的两只弯钩猛砸下来，爪子抓住它，两把锯子收拢起来，紧紧将它夹住，可怜的蝗虫徒劳地挣扎着。螳螂恢复到正常姿势，开始用餐。

在抓获蚱蜢和距螽这种危险小于大灰蝗虫和螽斯的昆虫时，螳螂那魔怪般的姿态没有那么咄咄逼人，持续时间也没那么长。它只需将大弯

---

① 采用动作描写法将螳螂捕食前的姿态描写得淋漓尽致。螳螂捕食前先摆出阵势，从气势上威慑对方。

盛气凌人 (shèng qì líng rén)：傲慢得气势逼人。
震慑 (zhèn shè)：震动使害怕。

钩一伸就解决问题了。

几天没吃食的螳螂，因饥饿难忍，能一下子把与它相同大小或比它个头儿大的灰蝗虫全部吃掉，只撇下其翅膀，因为翅膀太硬而无法消受。要想吃光这么个大猎物，两小时足够了，但这么狼吞虎咽的情况甚是罕见。

看螳螂蚕食蝗虫这个过程，实属一件趣事。虽然说它那尖尖小嘴似乎并不像是天生就为大吃大喝所用的，可猎物却被它吃光了，只剩下双翅，而且，翅根上多少有点肉的地方也没有放过。螳螂先从猎物的颈部下口。当一只劫持爪拦腰抓住猎物时，另一只则按住后者的头，使脖颈上方断裂开来。于是，螳螂便把尖嘴从这失去护甲的地方插进去，锲而不舍地啃吃开来。猎物颈部裂开了大口，头部淋巴已遭破坏，蹬踢也就随之停止，猎物便成了一个没有知觉的尸体，螳螂因而可以自由选择，想吃哪儿就吃哪儿了。

它深知颈部的构造特点，选择从裸露的颈部发起进攻，撕咬颈部的淋巴结，这样就从源头灭了猎物的体力，使猎物回天乏术。

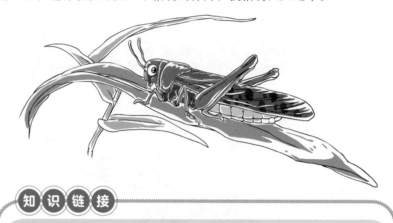

知 识 链 接

螳螂捕蝉，黄雀在后

春秋时期，吴国国王寿梦准备攻打荆地（楚国），遭到大臣的反对。吴王很恼火，在召见群臣的会上警告："胆敢劝阻出兵的人，我将他处死！"当时，有一个少年，知道自己地位低下，劝阻必定没有效果，只会被处死。每天早晨，他拿着弹弓、弹丸在王宫后花园转来转去，用露水湿透他的衣服，如此做了许多天。吴王很奇怪，问道："这是为何？"少年道："园中的大树上有一只蝉，它一面放声鸣叫，一面吸饮露水，却不知已有一只螳螂在它的后面。螳螂想捕蝉，但不知旁边又来了黄雀。而当黄雀正准备啄螳螂时，它又怎知我的弹丸已对准它呢？它们三个都只顾眼前利益而看不到后边的灾祸。"吴王一听很受启发，随后取消了这次军事行动，因为他知道了做事要三思而后行，不要只顾眼前利益而不考虑后患。

08　螳螂的爱情

主角：雌螳螂、雄螳螂
表白方式：张开翅膀，像抽搐一样不停地颤抖。

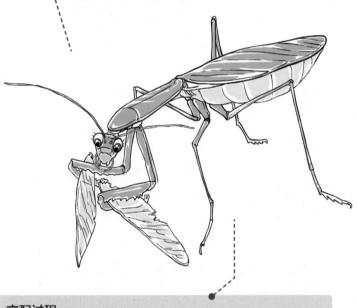

交配过程：
婚礼序曲很长，在交配过程中，它们一动不动，交配一旦结束，雌螳螂就会把雄螳螂吃掉。

　　本章阐述了螳螂残忍的生活习性。螳螂不仅在捕食猎物的时候表现得残忍，而且在对待同类时也是毫不留情的。无论是同性还是异性的螳螂，只要是战败者，对手就会被当作美食一样吃掉。螳螂还有一个令人震惊的行为——雌雄螳螂在交配完毕后，雌螳螂竟然会把雄螳螂吃掉！

对待同类，螳螂的一些习性也是非常凶残的，即使是名声很差的蜘蛛也难以与它相比。

我把好几只雌螳螂放在了同一个网罩里，多的时候有十二只。这个大居室的空间还很宽敞，它们有足够的自由活动空间。再说，雌螳螂的肚子变大后，身体也重，也就不怎么爱运动。

同居是存有风险的，一旦缺粮，估计它们的脾气会更加暴躁，互相打起来。刚开始时，事情进展还很好，网罩里的居民和睦相处，每一只螳螂都仅在它们的个人范围里捕食猎物，不去找邻居的麻烦。不过这太平的日子很短，随着雌螳螂的肚子一天天变大，卵巢里成串的卵细胞日益成熟，交配和产卵的日期也越来越近。强烈的嫉妒心复苏了，虽然在网罩里没有雄螳螂会让雌螳螂为了异性而进行战斗，然而卵巢的变化影响了整群雌螳螂，教唆它们发疯似的相互残杀①。

有时候，我猜不出两只相邻的螳螂为什么气势汹汹，摆出了战斗的姿势。假如一只螳螂柔软的肚子上只是略微有了血迹，甚至有时并没有怎么受伤，这只螳螂就会撤退认输了。另一只螳螂也就收起战旗离开，准备着去捕捉蝗虫。表面看来它很平静，其实它一直在酝酿着重新开战。

大多时候，战争的结局会更加惨烈，失败者绝望地摆出决战的姿势。胜利者用老虎钳把可怜的战败者掐住，打算从脖子开始吃。

①作者采用了拟人的修辞手法，赋予了螳螂以人的思想，同时也交代了雌螳螂相互争斗的原因，字里行间渗透着强烈的情感色彩。

和睦相处（hé mù xiāng chǔ）：相处融洽友爱，不争吵。

昆虫是比较残忍的，螳螂会毫无顾忌地把同类当作美餐。

为了避免杂乱无章，我把一对对螳螂分开，放在不同的网罩里。一个小窝放一对，谁也不会去打扰它们交配。并且，我还为它们提供了充足的食物，避免掺杂进饥饿的因素影响交配。接近八月末，雄螳螂这个瘦弱的求爱者，认为时机成熟了，屡屡向强壮的伴侣送秋波。雌螳螂似乎是无动于衷，没有移动。可是那多情的雄螳螂却抓住了一个同意的信号，它向前靠去，忽然张开翅膀，好似抽搐一样不停地颤动。这就是雄螳螂的爱情表白。然后，这瘦弱的雄螳螂扑到雌螳螂的背上，用全力缠在上面，稳定下来。一般婚礼的序曲很长，最后交配完成了，交配用的时间也很长，有时候长达五六个小时①。

这对配偶从始至终一动不动。最后它们分开了，不过很快又更加亲密地黏在了一起。交配一结束，雄螳螂就会被雌螳螂吃掉。

①生动传神的动作描写，写出雄螳螂向雌螳螂表白爱情的具体方式和渴望得到爱情的迫切心情。

抽搐（chōu chù）：肌肉不随意地收缩的症状，多见于四肢和颜面。

　　我十分好奇，非常想知道这只刚受精的雌螳螂，它会怎样对待下一只雄螳螂呢？实验结果很令我惊讶，大部分情况下，雌螳螂不厌其烦地接受配偶的拥抱，也从来没有在食用配偶中满足自己的贪欲。它可以与所有的雄螳螂欢爱，但是所有的雄螳螂都得为新婚的喜悦付出生命的代价。

　　雌螳螂的狂欢并不少见，但是欢庆的程度却是不一样的，当然也会有一些例外。天气非常炎热的时候，爱情的热度很强。在单独隔开的网罩里，两个配偶在交配后，雄螳螂就会被当作普通的食物对待了。

　　雌螳螂如此残忍地对待配偶，为了给它找一个借口，我心想：在野外，雌螳螂大概不会这么做，因为雄螳螂在完成使命后有足够的时间逃脱。然而网罩里发生的情况，驳回了雄螳螂有机会逃跑的理由。我偶然撞见一对非常恐怖的螳螂，雄螳螂在重要的职责中沉浸，紧紧地抱着雌螳螂，但是这个可怜的家伙没有了头，也没有脖子，甚至连胸也几乎没有了。雌螳螂转过脸来，安然自若地啃噬着温柔的情人余下的躯体，已经被截肢的雄螳螂，竟还紧紧地缠在雌螳螂身上，继续享受爱的甜蜜呢！

　　从前有人说过，爱情比生命还重要。严格来说，这句格言从来没有得到过如此明显的证实。头被砍掉，胸部被截掉，就这么一具尸体，依然在坚持给卵巢受精。只有在生殖器官所在的肚子被吃掉后，它才放开了手。在婚礼进行的时候，就大肆咀嚼情人的行为已超出了人所能想象的残酷程度。可是我却看到了，亲眼所见，而且到现在还没有从震惊中回过神来①。

雄螳螂在交配时突然被抓住，可以逃避躲开吗？当然不可能。螳螂的爱情与蜘蛛的爱情一样没有人道可言，甚至还远远超过了蜘蛛。我承认，狭窄的网罩空间确实便于屠杀雄螳螂，但是杀戮的原因必须得到别处去找了。

也许，这是从某一个地质时期残留下来的习性。在石炭纪，昆虫在粗野蛮横的交配中现出雏形，包括螳螂在内的直翅目昆虫，在昆虫界，它们是最早出现的。

把雄性作为猎物吃掉，螳螂家族的一些其他成员也是这么干的，于是我就把它当作螳螂的一般习性了。灰螳螂身材小小的，

①作者对雌螳螂吞噬使其受精的雄螳螂的行为感到震惊，认为这已经超出了人所能想象的残酷程度了。作者不由得发出了赞美雄螳螂对爱情忠贞的感叹！

咀嚼（jǔ jué）：用牙齿磨碎食物。

在网罩里也安分守己，即使网罩里居民众多，它们也从来不找邻居的麻烦。然而它们也一样，灰螳螂刚一放到网罩里，它马上就会被一只不再需要帮助的雌螳螂抓住吃掉。一旦雌螳螂的卵巢已经满足，它们就开始厌恶雄性，或者只把它们当成是美味的猎物。

螳螂——致命的交配

螳螂一生辉煌但也免不了"儿女情长，英雄气短"。螳螂间的交尾可谓危险重重，每位妻子都是相当阴险的杀手。雄性螳螂爬上雌性螳螂的背，用触角敲打雌性螳螂使它平静下来。交配开始了，雄螳螂失去的会更多，看上去貌似激烈的热吻，结果雄螳螂的头已经被吃掉了，雄螳螂在无头的情况下仍可继续交配数小时。雄螳螂的生命为雌螳螂提供了丰富的蛋白质，更有利于下一代的茁壮成长。

感 悟 启 示

同类相食在人类看来是极其残忍、极不道德的，然而，对螳螂来说却是极其普遍的现象，也许自然界的生物在长期进化过程中维持种族生存的方式是有所不同的！

09 螳螂的巢

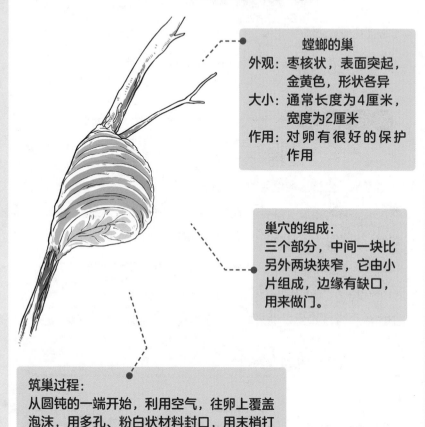

螳螂的巢
外观：枣核状，表面突起，
　　　金黄色，形状各异
大小：通常长度为4厘米，
　　　宽度为2厘米
作用：对卵有很好的保护
　　　作用

巢穴的组成：
三个部分，中间一块比
另外两块狭窄，它由小
片组成，边缘有缺口，
用来做门。

筑巢过程：
从圆钝的一端开始，利用空气，往卵上覆盖
泡沫，用多孔、粉白状材料封口，用末梢打
扫泡沫表面，最后在尖细的一端结束。

　　螳螂的巢被称为一大奇观。螳螂筑巢的过程相当复杂，人们无法想
象其复杂性；螳螂的巢结构巧妙，非人类建筑可比拟；螳螂的巢对螳螂
的卵有极好的保护作用。

螳螂建造的巢穴是一大奇观，在有太阳光照耀的地方随处都可以找得到。在任何东西上，只要那个东西上有凹凸不平的表面，都可以作为非常坚固的地基。螳螂就是利用这样的地基建巢的。

螳螂的巢，通常长度为4厘米，宽度为2厘米，巢的颜色是金黄色的。这种巢是由一种泡沫很多的物质做成的。但是，不久以后，这种多沫的物质就逐渐变成固体了，而且慢慢地变硬了。螳螂巢的形状各不相同，这主要是因为巢所附着的地点不同，巢会随着支撑物的变化而变化[1]。但是，不管巢的形状多么千变万化，它的表面总是凸起的。这一点是不变的。

整个的螳螂巢，大概可以分成三个部分。中间那一块比另外两块狭窄，它是由一种小片做成的，并且排列成双行，前后相互覆盖着，就好像屋顶上的瓦片一样。这种小片的边缘，有两行缺口，是用来做门的。

螳螂的卵在巢穴里面堆积成好几层。其中每一层，卵的头都是向着出口的。在这些幼虫中，有一半是从左边的门出来的，其余的则从右边的门出来。

现在我们简述一下螳螂巢的详细结构。所有卵都沿着巢的中心线层层聚集，形成海枣核的形状。核外包着一层凝固的泡沫状保护层，除了上面的中央区域之外，在中央区域里，泡沫状保护层被并排的细薄片取代。薄片悬空的一端在外面形成出口区域，在那里，它们叠成两排小鳞片，给每一层卵都留出两个出口，也就是两条很窄的缝隙[2]。

①螳螂巢的形状不是一成不变的，它会根据支撑物的改变而发生改变。
②按照由内到外的观察顺序描写了螳螂巢的结构，层次分明，描写细致。

我研究的重点，是要目睹螳螂筑巢的过程，并观察它是如何操作，才造出这个复杂的建筑物来的。

螳螂的动作太快，使我的观察困难重重。它腹部的末端总是浸在一团泡沫里，使我看不清动作的细节。螳螂巢的泡沫材料主要由包含气体的小泡组成，这些气体使螳螂造出的巢比它自己的肚子大得多。螳螂主要依靠空气筑巢，而空气能出色地保护巢不受恶劣天气的侵扰①。

雌螳螂就是在泡沫的"海洋"中产卵、繁衍后代的，每当它产下一层卵以后，它就会往卵上覆盖上一层这样的泡沫。于是，很快地，这层泡沫就变成固体了。

在新建的巢穴的出口，有一层材料把这个巢穴封了起来。看上去，这层材料和其他的材料并不一样——那是一层多孔、纯洁无光的粉白状的材料。

螳螂用它身上的两个末梢打扫着泡沫的表面，然后，撇掉表面上的浮皮，使其形成一条带子，覆盖在巢穴的背面。这看起来，就像那种

①写出了螳螂巢的组成材料及其作用，也在一定程度上说明螳螂是如何筑巢的。

繁衍（fán yǎn）：指生物数量逐渐增多或增加。

冰霜的带一样，它看上去之所以会比较白一些，主要是因为它的泡沫比较细巧，光的反射力比较强罢了。

可当我要研究巢中间区域那复杂的结构时，观察就无法进行了。在这个区域，螳螂在两排相互重叠的小鳞片下面，给孵化的幼虫安排了一些出口。巢中间区域的那部分工作就由螳螂固定不动的上端来完成。

螳螂是一种很能干的动物，也是一种很有建筑才能的动物。产卵时，它泻出用于保护的泡沫，制造出柔软得像糖一样的包被物，同时，它还能制作出一种遮盖用的薄片，以及通行用的小道。这一切繁杂工作，完全都是由这部"小机器"自己完成的[1]。

螳螂的巢还有更高明的地方，我们可以从中发现运用得十分巧妙的物理学保温原理。在对不透热物体的了解方面，螳螂领先于人类。

美国物理学家拉姆福特做了别出心裁的实验，证明了空气的导热性很差。螳螂有时也使用凝固泡沫隔热外层，有时却不使用，这取决于它们的卵是否需要过冬。

螳螂筑巢是从圆钝的一端开始，到尖细的一端结束。尖细的那一端经常会延伸成岬角，那是螳螂的最后一滴黏液拉长时形成的。整个筑

[1]赞美了螳螂的能干与聪明，螳螂能有条不紊地完成一项伟大的"建筑工程"——筑巢。

巢工程需要两个小时，中间没有片刻停顿①。

产完卵，雌螳螂便漠不关心地离开。巢一旦筑成，一切便与它无关。所以，根据这一事实，我便得出了这个结论：螳螂都是些没有心肝的东西，尽干一些残忍、恶毒达到极点的事情。比如，它把自己的丈夫作为美餐，而且，它居然还会抛弃它自己的子女，弃家出走且永不回归。

很多年前，人们总是习惯性地把螳螂的巢看作是一种充满迷信的东西。在普罗旺斯这个地方，螳螂的巢，被人们视为医治冻疮的一种丹灵妙药。农村里的人常说，螳螂巢的功效，仿佛有什么神奇的魔力一样。然而，我自己从没有发现它有什么功效。

与此同时，也有一些人盛传，螳螂巢医治牙痛非常有效。假如你有了它，再也用不着害怕牙痛了。

如果是脸肿了的病人，他们会说："请你借给我一些'梯格诺'，好吗？我现在痛得厉害呢！"另外的一个人就会赶快放下手里的针线活儿，拿出这个宝贝东西来。

她会很慎重地对朋友说："你随便做什么都可以，但是不要摘掉它。我只有这么一个了，而且，现在又是没有月亮的时候！"

没有想到，农民们的这种简单而幼稚的想法，被十六世纪的一位英国医生兼科学家所超越。他说在那个时候，如果一个小孩子在树

①不仅说明螳螂筑巢的工程浩大，而且体现出螳螂很能干，不会偷懒。

漠不关心（mò bù guān xīn）：形容对人或事物冷淡，一点儿也不关心。
慎重（shèn zhòng）：谨慎认真。

林里迷了路，他可以询问螳螂，让它指点道路。并且，他还说道：
"螳螂会伸出它的一足，指引给他正确的道路，而且很少或是从不会
出错的。"

感 悟 启 示

　　螳螂的巢穴是何等精致，其建造巢穴的过程是何等繁杂，工
程是何其浩大。然而，螳螂在筑巢时却不辞辛苦，中间没有片刻
停歇，直至巢穴建成，其精神可嘉，令人赞叹！

10 螳螂的孵化

螳螂的孵化
时间：六月中旬，上午十点钟
条件：有太阳光的地方
敌人：蚂蚁、蜥蜴、野蜂等

孵化特点：
灰螳螂，通过巢前段的尖角圆孔一个接一个地出巢；普通螳螂，并非同时孵化，而是分批分群地出巢。

本章主要介绍螳螂的孵化过程，描写了刚刚孵化出来的小螳螂的形态，并以蝉和螳螂的幼虫为例，总结出昆虫在孵化过程中的规律。另外，作者以樱桃树为基础形成的生物链为例，科学地解释了大自然中各生物链保持平衡的原因，并得出结论：螳螂也是大自然生物链中的一个成员，它的多产是为了维持这条生物链的平衡。

螳螂卵的孵化，通常都是在有太阳光的地方进行的，而且，大约是在六月中旬，上午十点钟的时候。

在每一片鳞片的下面，都有稍微有一点儿透明的小块儿。在这个小块儿的后面，紧接着的就是两个大大的黑点，就是那个可爱的小动物的一对小眼睛。幼虫的小嘴是贴在它的胸部的，腿又是和它的腹部紧紧相贴的。这只小幼虫，除了腿脚的特征比较鲜明外，其他部分都和刚从卵中孵化出来的蝉的初始状态差不多，都是那种微型无鳍鱼的模样①。

小螳螂在出生的时候要把自己包在襁褓里，呈船的形状。

昆虫的幼虫并不一定直接来源于虫卵。如果新生儿在孵化的过程中遇到一些特殊的困难，那么在形成真正的幼虫形态之前，会有一个过渡形态——我仍然称这一形态为"原始幼虫"，它的职责是帮助无法自行解脱的小虫子降临人世。

小幼虫刚刚降生，它的头便逐渐地变大，一直膨胀到形状像一粒水泡一样为止。这个有力气的小生命，在出生后不久，就开始靠自己的力量努力生存。它一刻也不停地、一推一缩地、努力地解放着自己的躯体。就这样，每一次做动作的时候，它的脑袋就要稍稍变大一些。最终的结果是，它胸部的外皮终于破裂了②。

在灰螳螂巢前端突出的尖角上，有一个白色无光的小点，由易碎的泡沫构成，非常脆弱。这个几乎被泡沫塞子塞住的圆孔，是灰螳螂巢的唯一出口，因为其他地方都很坚固。小灰螳螂就是通过这个小孔，一个

①对小螳螂的形态进行了细致的描写，写出了小螳螂的可爱与弱小。
②写出了螳螂在蜕变时的艰难与痛苦，突出其生命的顽强与可贵。

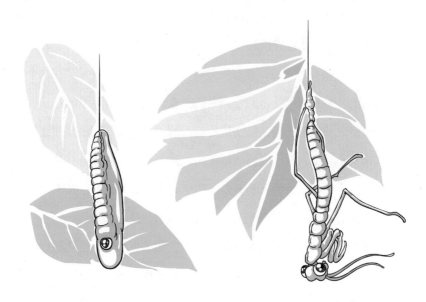

接一个地出巢的。

　　而普通螳螂，一个巢里的卵并非同时孵化，而是分批、分群出巢的，其中间隔的时间可达两天，甚至更久。位于巢尖端的卵是最后产下的，但往往最早孵化，因为巢的尖端容易受到阳光的刺激。

　　尽管巢里的卵被分成一群一群的，但有时孵化会沿着整条出口区域同时进行。就好像所有的卵差不多在同一时刻孵化出来，一起打破它们的外衣，从硬壳中抽出身体来[1]。

　　螳螂虽然产下了许多卵，但是仍然不能够抵御那些喜欢杀戮的强大的敌人。所以，雌螳螂产再多的卵也不嫌多。对于螳螂幼虫而言，它们的最具杀伤力的天敌，要算是静候在大门之外的蚂蚁了。只要这些幼虫

[1]写出了小螳螂出巢后的兴奋之情，以及数量之多。

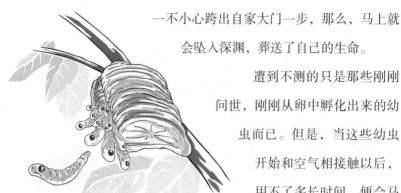

一不小心跨出自家大门一步，那么，马上就会坠入深渊，葬送了自己的生命。

遭到不测的只是那些刚刚问世，刚刚从卵中孵化出来的幼虫而已。但是，当这些幼虫开始和空气相接触以后，用不了多长时间，便会马上变得非常强壮。

螳螂在行进的时候，把它的前臂放置在胸前，表现出一种自卫的警戒状态。它那种骄傲的态度和不可小视的神气，早已经把这群小小的蚂蚁吓倒了。它们再也不敢轻举妄动了，有些甚至已经望风而逃了。

螳螂的敌人，不只是这些小个子的蚂蚁，还有许多其他的敌人，其他的这些天敌可不是那么容易就能吓倒的。比如说，那种居住在墙壁上面的小型的、灰色的蜥蜴，就很难对付。对于小小螳螂的自卫和恐吓的姿势，它是全然不在意的。

螳螂的天敌就这些吗？当然不止，还有一种更小、更可怕的野蜂，它随身携带的刺针，非常尖利，足以刺透螳螂的巢穴。这样一来，螳螂的后代，就遭受到蝉的子孙的命运。①

我试图通过实验找到小螳螂的食物，经过多次尝试，我认为螳螂

①写出了小螳螂的敌人之多，小螳螂想要生存实在不易。

轻举妄动（qīng jǔ wàng dòng）：不经慎重考虑便盲目行动。
望风而逃（wàng fēng ér táo）：老远看见对方的气势很盛就逃跑了。

可能吃一种过渡性的食物，只是这种食物我未发现。

螳螂的生殖能力是逐渐获得的吗？它今天能产这么多卵，是否正是因为它过去已经遭受过大量的屠杀呢？有些人就是这么想的，但他们并没有说服力很强的证据，却倾向于把动物深刻的变化归结为环境的因素。

在我窗外的池塘边，长着一棵樱桃树。而麻雀总是第一个知道樱桃成熟，随后翠雀、黄莺也纷至沓来，享受几个星期口福。而到了夜晚，被鼠妇、球螋、蚂蚁和鼻涕虫嚼过的果核，都由田鼠收集起来。而一种生物要成为生命的最高表现形式，必须经过缓慢而精细的转化过程。

首先对有机物进行化合的是植物，其次才是动物。无论是现在还是地质时期，植物都以直接或间接的方式成为更高等的生命的首要食物供应者。

泥土滋养了绿草，绿草被蝗虫啃噬。螳螂把蝗虫吃掉，卵巢鼓胀起来，它产下3堆卵，大约1000颗左右。卵在孵化的时候，蚂蚁突然到来，将一巢虫卵的大部分吃掉。而在茧里尚未孵化的小蚂蚁，却是小雏鸡的食物①。

世界本来就是一个永无穷尽地循环着的圆环。从某种意义上讲，各种物质的死，就是各种物质的生。

读懂经典文学
名著，爱读会
写学知识

微信扫描目录
页二维码，获
取线上服务

① 写出了生物之间的食物链关系，语言生动简洁、通俗易懂。

11 绿蝈蝈儿

绿蝈蝈儿
科目：蚱蜢类
繁殖时间：七八月份
活跃时间：晚上九点
发声器官：带刮板的
　　　　　小小扬琴
食物：昆虫、草叶
本性：凶残

本章在介绍绿蝈蝈儿的同时，还介绍了几种有代表性的与蝈蝈儿同属于蚱蜢类的昆虫以及它们的特点——在深夜或大清早活动，都有发声结构，多数习惯于食肉等。

我孤身一人，在一个昏暗的角落里，乘着夏夜九点的夜凉，静听起田野间节庆的音乐会来。

天色已晚，蝉声停止了。绿蝈蝈儿猛扑上前，将蝉拦腰抱定，开膛剖腹，一掏而空。

当被挖开腹部的蝉痛苦嘶鸣时，梧桐树上的庆典仍在继续，只不过换了乐队。

我的绿蝈蝈儿宝贝，要是你的琴拉得再嘹亮些，你就能成为比嘶哑的蝉更加受人欢迎的演奏高手，但你却比不上你的邻居铃蟾。

铃蟾们的节奏既缓慢，又富有韵律，它们似乎反复吟唱着同样的经文。

这些从一个隐秘的角落传向另一个隐秘角落的柔和铃声，其实是求爱的清唱剧，是雄铃蟾对雌铃蟾的隐秘召唤，但我们无法预见这婚礼奇特的结尾。

雄铃蟾把自己的孩子裹在后腿四周，就这样带着一串胡椒籽大小的蛙卵搬家了。它要去附近的沼泽地，那里的水很温暖，是蝌蚪孵化和成活必不可少的。

在七月暮色里歌唱的音乐家中，只有一位能与铃蟾的和谐铃声相媲美，只是它的音调会变化。它就是角鸮，或者叫小公爵，它的歌声嘹亮，可是却单调得让人心烦。

在这嘈杂的表演者当中，绿蝈蝈儿的叮当声实在是太细微了。我只

媲美（pì měi）：比美，美（好）的程度差不多。

63

能在稍稍安静一点的时候，听到它一丝微弱的声响。它的发声器官只是一个带刮板的小小扬琴。

有一种昆虫，形体很小，发音器官也很简单，但它在演唱抒情夜曲方面，却远远胜过了绿蝈蝈儿。它就是意大利蟋蟀。它的身体主要由一对云母片般细薄而闪亮的大翅膀组成，它用这对干燥的翅膀发出尖厉的鸣叫，嘹亮得足以压倒蟾蜍们单调忧郁的歌曲①。

从六月份起，我捉到了足够数量的成对的绿蝈蝈儿，便把它们安置在一个钟形金属网下，并在瓦钵上铺了细沙做底。

黎明时分，看到绿蝈蝈儿将头探入蝉的腹中，一小口一小口地将肚肠拖出来吃掉。我几次三番地观看了类似的屠杀，我甚至目睹过绿蝈蝈

①详细介绍了蟋蟀的形体结构，并通过对比，突出了其发音嘹亮的特点。

儿追捕蝉的情景，它勇气百倍，而蝉则惊慌失措地飞奔逃窜。捕蝉的关键是要将它制住，在夜里蝉睡着的时候，这简直是轻而易举。只要和夜间巡逻的凶残的绿蝈蝈儿相遇，蝉一般都会悲惨地死去。就这样，我为那些寄宿在我家的绿蝈蝈儿找到了菜单：我用蝉来喂养它们①。

绿蝈蝈儿只把蝉的肚子吃掉了。事实上，正是在这个部位的嗉囊中，蝉储存着它用尖嘴从嫩树皮中吸取的甜汁糖浆。绿蝈蝈儿可能就是因为这种甜食才对蝉的这个部位情有独钟。

我想丰富一下食谱，便给绿蝈蝈儿们喂一些甜甜的水果，它们吃得津津有味。绿蝈蝈儿就像英国人，酷爱涂着果酱的带血牛排。我给绿蝈蝈儿喂食一些绒毛金龟，绿蝈蝈儿们毫不犹豫地接受了这种

鞘翅目昆虫，吃得只剩下鞘翅、头和腿脚。由此可见，绿蝈蝈儿酷爱吃昆虫，尤其是那些没有坚硬盔甲保护的昆虫。在吃完血肉之后，它还佐以水果的甜果肉，甚至于实在没有什么好吃的时候，也吃一些草叶②。

①写出了绿蝈蝈儿捕蝉时的特点及其捕食的情景，突出了其凶残的本性和高超的捕蝉技能。
②写出了绿蝈蝈儿的食性，不仅爱吃肉食，还爱吃水果的甜果肉，有时还吃草叶。

轻而易举（qīng ér yì jǔ）：形容事情很容易做。
嗉囊（sù náng）：鸟类的消化器官的一部分，在食道的下部，像个袋子，用来储存食物。

即便如此，绿蝈蝈儿之间仍然存在着同类相残的现象。即使在食物并不短缺的情况下，绿蝈蝈儿们也会吃去世的同伴。此外，所有挎着马刀的昆虫都不同程度地具有拿自己受伤的同伴果腹的习性。

除了这个细节，绿蝈蝈儿们在我的金属罩下生活得非常平和，它们之间从没有发生过严重的纷争，最多为了食物稍有对立。

太阳落山之后，才是绿蝈蝈儿们开始兴奋的时刻。大约九点，热闹的气氛达到了高潮。

我看到的仅仅是没完没了的婚礼前奏。热恋中的绿蝈蝈儿们面对面，甚至额头顶着额头，长时间地用它们柔软的触须相互碰撞、探询，就像是两个对手心平气和地拿着花剑来回交叉一样[1]。

雌蝈蝈儿的产卵管下垂着一个奇特的东西，这东西螽斯也有，并且曾让我们十分惊讶。

我选择了距螽，这种昆虫只要用梨片和生菜叶子就能轻松饲养。它们的交尾在七八月间进行。交尾之后，雌距螽产出一个巨大的卵袋，就像是颗很大的乳白色覆盆子，它的颜色和形态让人联想到一包蜗牛卵。

两三个小时就这样过去了，接着，雌距螽将身体蜷曲成环形，用大颚的尖端从乳头状的卵袋上撕扯下一小块。当然，它不会弄破卵袋，使之渗漏。

有时，这种操作十分艰难，卵袋沾上了一些大的土块，附着难除。虽然距螽努力要把卵袋摘掉，可是它却无法使之与产卵管的联结点

①作者采用了拟人的修辞手法，写出了绿蝈蝈儿热恋中的举动，带有浓厚的感情色彩。

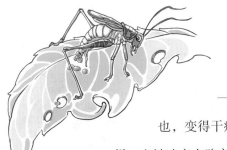

分开，这说明卵袋与身体的连接还是十分牢靠的。

慢慢地，卵袋开始一点一点地瘪下去。当卵袋里空空如也，变得干瘪皱巴时，完全看不出先前的模样，它被遗弃在路旁，等待着蚂蚁们前来拾荒。

还有一种蚱蜢类昆虫——镰刀树螽，带着镰刀状的土耳其短弯刀，我有几次碰巧看到它那土耳其短弯刀下长着生殖器，但条件简陋，我无法做进一步的观察。

这五种面目不相同的虫子——螽斯、阿尔卑斯距螽、绿蝈蝈儿、距螽和镰刀树螽的例子，说明蚱蜢同蜈蚣、章鱼一样，遗留了一些典型的远古习性，为我们保存了远古时代奇特繁殖行为的珍贵标本。

知 识 链 接

绿蝈蝈儿

绿蝈蝈儿多生在平原、农田、花生地、豆地、玉米地、菜地等地方。绿蝈蝈儿通体碧绿，不带丝毫杂色，绿脸红牙，绿腿绿肚，红眼棕须，还有一双金黄翅（前膀翅侧区为鲜绿色）。在满目苍茫的严冬里，这种大翡翠绿蝈蝈儿更能显示自然之美，也格外耀目。在某一时期，绿蝈蝈儿的价格超过了黑蝈蝈儿，就是因为绿色比黑色好看，观赏价值更高。绿蝈蝈儿翅薄，一般叫声偏高，但鸣声没有黑蝈蝈儿那样响亮浑厚。

12 蟋蟀的洞穴和卵

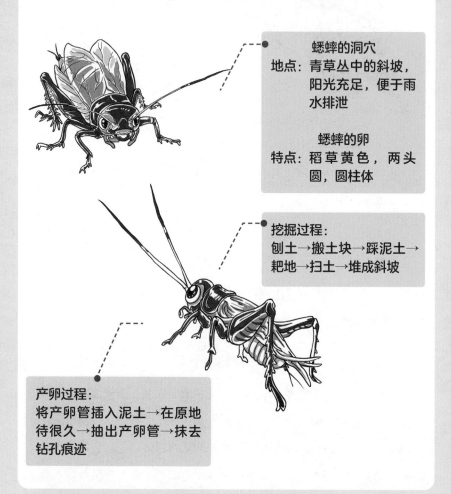

蟋蟀的洞穴
地点：青草丛中的斜坡，
阳光充足，便于雨
水排泄

蟋蟀的卵
特点：稻草黄色，两头
圆，圆柱体

挖掘过程：
刨土→搬土块→踩泥土→
耙地→扫土→堆成斜坡

产卵过程：
将产卵管插入泥土→在原地
待很久→抽出产卵管→抹去
钻孔痕迹

　　作者认真地观察了蟋蟀建造巢穴的过程，并且抓住了蟋蟀的住宅和建造特点来具体地描述。在描述中，作者还把蟋蟀当作自己的朋友，十分赞许蟋蟀的吃苦耐劳和不肯随遇而安的精神。

在田间草丛中安家的蟋蟀几乎同蝉一样出名，它的名气源自其悠扬的歌声和精巧的住宅。盛名之下，别有微瑕。语言大师拉·封丹只让蟋蟀在他的故事里说了两句台词，就这两句台词却表现出了蟋蟀的憨厚。

然而，弗罗里安就另一个主题用更多的笔墨描写了蟋蟀。可在他的笔下，蟋蟀根本没有了老实人的激情，而是不满现状、整日怨天尤人。其实，经常与蟋蟀打交道的人都知道，事实正好相反，它对自己的天分和洞穴心满意足。就如寓言家让蟋蟀在蝴蝶潦倒不堪时所说的话那样：

我将多么深爱我深居简出的地方！
想过幸福生活，就要把自己隐藏！

他把蟋蟀写成了一位名副其实的哲人，看透了世事的浮华，远离尘世喧嚣，独享朴实隐居住所的好处。

但这些描述还不够，没能给人留下深刻持久的印象。而蟋蟀最吸引外界注意的地方，就是它的住所。

经过辛勤劳动建造起家园后，蟋蟀便安居其中，无论是在欢乐无边的春季还是艰难严酷的冬季，它都不再搬迁。这是一所真正的乡间城堡。当其他昆虫流离失所，风餐露宿时，只有蟋蟀依靠它得天独厚的优点，有着固定的居所[①]。

---

①通过对蟋蟀的不同的描述，可知蟋蟀凭借其得天独厚的优点，有着固定的居所。

风餐露宿（fēng cān lù sù）：形容旅途或野外生活的艰苦。

蟋蟀总是自己选择居所的地点，不但地面清洁，而且朝向良好。在造房子的技巧方面，能优于蟋蟀的，我看只有人类了。

蟋蟀的家位于青草丛中的斜坡上，阳光充足，便于雨水快速排泄。这是一条倾斜的坑道，几乎只有手指一般粗，根据地形不同或蜿蜒或笔直，长度最多是一虎口。按照惯例，洞口有一小撮绿草，虫儿外出四下啃吃草叶时也不会去碰它，因为这撮草半遮住洞口，既当屋檐遮风挡雨，又在入口处投下一道隐秘的阴影。洞穴的入口略微倾斜，被精心耙平和清扫过，略微往里延伸。屋内并不奢华，只有泥土墙壁，但不粗糙[1]。

想观察蟋蟀产卵，不用费力做什么准备工作，只要有一点耐心就足够了。六月的第一个星期，我发现雌蟋蟀一动不动，产卵管垂直地插进土里，在原地待了很久。最后，它抽出产卵管，稍稍抹去一点钻孔的痕迹，歇息片刻之后，就闲逛着到别处重新产卵了。那些卵呈稻草黄色，是一些两头圆，长约3毫米的圆柱体。它们之间各不相连，垂直排列在土中。每次所产的卵数量不同，有多有少，它们排列得相对较近，估计每一只雌蟋蟀可产五六百只卵。

[1] 详细地写出了蟋蟀巢穴的特征，说明蟋蟀选址非常讲究，注意洞穴的舒适性。

蟋蟀卵是一种奇妙的小机械，孵化之后，卵壳像个白色不透明的套子，顶端有一个规则的圆形小孔，边缘连着一顶小帽作为盖子。卵产下约两个星期后，上端颜色变暗，出现了两个黑红色的大圆点。在这上方很近的部位，圆柱体的顶端，则出现了一个细微的环形突起，这是孵化时要裂开的缝正在形成。在经过了极其精细的变化之后，一条极易断裂的缝隙沿着那环形突起形成了，顺着这条环状凸起，卵的顶端在幼虫额头的推顶下裂开，就像一个可爱的小香水瓶盖一样被掀开，落在一旁①。蟋蟀钻了出来，如同从魔法盒子里冒出来的小魔鬼一般。

小蟋蟀走了，可卵壳仍然留在那里，鼓起，光滑，完好无损，呈纯白色，开口处挂着小帽卵盖。蟋蟀的卵有更高级的机制，会如同小象牙套一般打开，只要小蟋蟀用额头一推，就足以让卵壳的铰链打开了。卵

①写出了蟋蟀卵孵化后不断变化的特点，描写具体，语言生动形象。字里行间流露出作者对大自然里微小生命的热爱。

的形态大概可以保持十多天的时间。

我想，蟋蟀出生在地下。它也长着细长的触须和夸张的长腿，这些附属器官对它脱壳而出是一种障碍。蟋蟀鞘翅下有两片发育不全的白色残肢，它们对蟋蟀一点用处也没有。当生命不再使用某种器官时，仍然会留下它的痕迹，以维持基本的构成。

小蟋蟀的体色很淡，近乎白色，它一脱去薄膜，就努力与覆盖在头顶上的泥土搏斗。二十四小时后，它的颜色变深，成了漂亮的小黑皮，那种乌黑的色泽足以与成年蟋蟀相媲美。然而这些小蟋蟀将会遇到来自各方面的攻击和伤害，第一批赶来争夺这些天赐美食的狂热掠夺者是灰色的小蜥蜴和蚂蚁。尤其是蚂蚁，它会抓住那些可怜的小家伙，将它们开膛破肚，发狂地嚼碎。蚂蚁和其他终结者制造的这场屠杀实在是惨烈。蟋蟀少得无法让我的研究继续下去了，我只得到院子外面去了解情况。

从八月份开始一直持续到秋天的第二个月，小蟋蟀便过着东食西宿的生活。直到十月底，第一批寒潮到了，蟋蟀开始动手挖掘地洞，此时我有机会仔细观察我金属罩下的蟋蟀了。蟋蟀用前腿刨着土，用钳子一样的上颚搬出大块的土块、石头。我看到它用带有两排锯齿的有力后腿踩实泥土，我还看到它一边向后退，一边耙着地，把多余的泥土扫出来，堆成一个斜坡。这就是它建造住宅的所有技艺①。

它的工作进展很快，只要两个小时，蟋蟀就消失在土层以下了。它

①通过具体的动作描写，写出了蟋蟀挖掘地洞的技术水平很高。

还不时地返回出口，一边倒退，一边扫土，蟋蟀对居所的保养工作直到生命的最后一刻。

四月刚刚过去，蟋蟀的歌声就响起了，开始只是试探性地独唱，很快就成了大型的交响乐，几乎遍地都是演奏者们。蟋蟀在地上，同百灵鸟彼此应和，一再低吟短唱着。这是对生命的歌赞，是萌芽和新叶都能听懂的圣歌。

13 蟋蟀的歌声和交尾

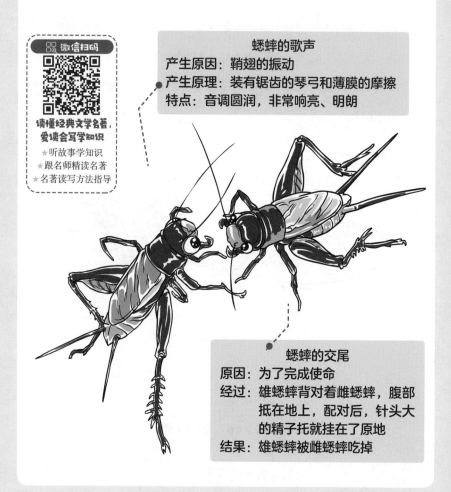

蟋蟀的歌声
产生原因：鞘翅的振动
产生原理：装有锯齿的琴弓和薄膜的摩擦
特点：音调圆润，非常响亮、明朗

蟋蟀的交尾
原因：为了完成使命
经过：雄蟋蟀背对着雌蟋蟀，腹部
　　　抵在地上，配对后，针头大
　　　的精子托就挂在了原地
结果：雄蟋蟀被雌蟋蟀吃掉

本章主要介绍了蟋蟀发声的原因和蟋蟀的交尾，蟋蟀发声靠的是鞘翅之间的摩擦产生振动，蟋蟀交尾后也具有雌蟋蟀吃掉雄蟋蟀的习惯。本章节中，作者自始至终都满怀喜爱的心情来介绍蟋蟀的歌声，体现了他对昆虫们的热爱。

解剖学横插进来，对蟋蟀说："把你的乐器给我们看看。"像各种有价值的东西一样，它是非常简单的。蟋蟀的基本发声结构与蝗虫类昆虫一样：装有锯齿的琴弓和一层振动的薄膜。

两个鞘翅的构造是完全一样的。如果你把两个鞘翅揭开，然后朝着亮光仔细地观察，你可以看到它是呈极其淡的淡红色，除去两个连接着的地方以外，前面是一个大的三角形，后面是一个小的椭圆形，上面生长着模糊的皱纹。这两个地方就是它的发声器官，这里的皮是透明的，比其他的地方要更加紧密些，只是略带一些烟灰色①。

在前一部分的后端有五六条向下稍凹的黑色条纹，看来很像梯子的台阶。它们能互相摩擦，通过增加与下面弓的接触点的数目，来增强其振动。

在下面，围绕着空隙的两条脉线中的一条，呈肋状。切成钩的样子的就是弓，它长着约一百五十个三角形的齿，整齐得几乎符合几何学的规律。

这的确可以说是一件非常精致的乐器。弓上的一百五十个齿，嵌在对面鞘翅的梯级里面，使四个发声器同时振动，下面的一对直接摩擦，上面的一对是摆动摩擦的器具。它只用其中的四只发音器就能将音乐传到数百米以外的地方，可以想象这声音是多么洪亮啊！

它的声音可以与蝉的清澈的鸣叫相抗衡，并且没有后者粗糙的声音。蟋蟀的鞘翅向着两个不同的方向伸出，所以非常开阔。这就形成了制音器，如果把它放低一点，那么就能改变其发出的声音强度②。

①写出了蟋蟀发音器官的样子，描写得形象具体。
②将蝉的鸣叫同蟋蟀的叫声作对比，突出了蟋蟀发音器官的特点。

蟋蟀身上两扇鞘翅完全相似，这一点是非常值得注意的。我可以清楚地看到上面弓的作用，和四个发音地方的动作。但下面的那一个，即左鞘翅上的弓是完全没有用处的，除非能将两部分器具调换一下位置。

我得到一只刚刚蜕化的幼虫，在这个时候，它未来的翼和鞘翅形状就像四个极小的薄片。它短小的形状和向着不同方向平铺的样子，使我想到面包师穿的那种短小上衣，这幼虫不久就在我的面前，脱去了这层外衣。

小蟋蟀的鞘翅渐渐变大，这时还看不出哪一扇鞘翅盖在哪一扇上面。后来两边接近了，再过几分钟，右边的马上就要盖到左边的上面去了。

鞘翅在人为的安排下发育成熟。它们按照我的意愿伸展、成形、长大、变硬。它们是以一种颠倒的重叠顺序诞生的。在这种情况下，蟋蟀成了左撇子。它会永远这样吗？会的，而且到了第二天、第三天，我的希望更加强烈。

第三天，新手初次登台，首先听到几声摩擦的声音，好像机器的齿轮还没有切合好，正在把它调整一样。然后调子开始了，还是它那种固有的音调。

　　我以为已造就了一位新式的奏乐师，然而我一无所获。蟋蟀仍然拉它右面的琴弓，而且常常如此拉。它因拼命努力，想把我颠倒放置的鞘翅放在原来的位置，导致肩膀脱臼，现在它经过自己的几番努力与挣扎，已经把本来应该在上面的鞘翅又放回了原来的位置上。最终，它的一生还是以右手琴师的身份度过的①。

　　乐器已讲得够多了，让我们来欣赏一下它的音乐吧！鞘翅发出"克哩克哩"柔和的振动声，音调圆润，非常响亮、明朗而精美，而且绵长得仿佛无休止一样。歌颂生活的美好，是它拉响琴弓的首要原因。

　　后来，它不再以自我为中心了，它逐渐为它的伴侣而弹奏。不过无论如何，它不久后总要死的，即便它逃脱了好争斗的伴侣，在六月里它也是要死亡的。

①实验的失败，告诉我们大自然中万事万物的规律是无法通过人为的干预而改变的。

77

雌雄蟋蟀之间的会面是何时？又是如何进行的呢？我猜想一切都会发生在傍晚暮色的掩护之下，在美人儿家门口铺满沙土的斜坡上，那里是它的宫殿门前的主院。这个大约二十步远的夜间旅程，对雄蟋蟀来说却是一次重大行动。夜访雌蟋蟀有可能使它失去住所，也可能害死它，但它为了完成雄蟋蟀的使命依然选择去会面。

只要交尾期的好斗本性不发，通常在网罩下居住的蟋蟀能和平相处。不过求偶者之间时有争吵发生，虽然激烈，但后果并不严重。

歌声响起，雌蟋蟀从藏身处走了出来，雄蟋蟀迎上前去，猛然掉了个头，背朝着雌蟋蟀，腹部抵在地上，经过努力和雌蟋蟀配成了对。一个只有大头针针头那么大的精子托，被挂在了原地。来年草地上就会有它们俩的蟋蟀宝宝了。

刚才还是情郎的雄蟋蟀，此刻一旦落入美人的口中，很快就会被吃掉，在最后几次会面中，雄蟋蟀必定是拖着残肢断腿、破烂鞘翅才脱身的。因此，昨夜还是梦中情人，转眼却成了令人憎恶的东西，遭到虐待，甚至被开膛破肚。

据说，酷爱音乐的希腊人在笼中养蝉，以便更好地享受它们的歌声。对此，我根本不相信。首先，蝉的鸣叫十分刺耳。其次，蝉是不能养在笼子里面的，除非我们连橄榄树或梧桐树都一起罩在里面。但是只要关一天，就会使这喜欢高飞的昆虫厌倦而死。而将蟋蟀关起来，却能使蟋蟀获得快乐，因为它常住在家里的生活习性使它能够被饲养，它是很容易满足的。

厌倦（yàn juàn）：对某种活动失去兴趣而不愿继续。

在城里，蟋蟀成了孩子们的珍贵财产。这种昆虫在主人那里受到各种恩宠，享受到各种美味佳肴，直到生命的最后一刻。

至于我们家附近的其他三种蟋蟀，我对它们粗略地研究一下，它们都有同样的乐器，不过细微处稍有一些不同。它们的歌唱在各方面都很像，不过它们身体的大小各有不同。

田野里的蟋蟀，在春天有太阳的时候歌唱，在夏天的晚上，我们听到的则是意大利蟋蟀的声音了。它是只瘦弱的昆虫，颜色十分浅淡，差不多呈白色，似乎和它夜间行动的习惯相吻合。

在这里，这歌声人人耳熟能详，因为即使是最小的灌木叶下也有它的乐队。你本来听见它在很靠近你面前的地方歌唱，但是你忽然听起来，感觉它已在十五米以外的地方了，简直让人辨别不出发出歌声的地点。

这种距离不定的幻觉，是由两种方法造成的。声音的高低与抑扬，根据下鞘翅被琴弓压迫的部位不同而不同；同时，它们也受鞘翅位置的影响。如果要发较高的声音，鞘翅就会抬举得很高；如果要发较低的声音，鞘翅就低下来一点。淡色的蟋蟀会迷惑来捕捉它的人，用它颤动板的边缘压住柔软的身体，以此将来者搞昏①。

在我所知道的昆虫中，没有什么其他的歌声比它的更动人、更清晰的了。在八月夜深人静的晚上，可以听到它。我常常躺在一丛迷迭香旁边的草地上，静静地欣赏这种悦耳的音乐。那种感觉真是十分地惬意。

意大利蟋蟀聚集在我的小花园中，在每一株绽放着红色野玫瑰上都有歌颂者，连薄荷上也有很多。从每棵小树到每根树枝上，都飘出颂扬生存的快乐之歌，简直就是一曲动物之中的"欢乐颂"！

我的蟋蟀，你们让我感到生命的活力，这正是我们土地的灵魂，这就是为什么我不看天上的星辰，而将注意力集中于你们的夜歌的原因了。

---

①作者为我们具体介绍了造成距离不定的幻声的原因，解析透彻，论述有力。

惬意（qiè yì）：满意、称心、舒服的感觉。

14 蝗虫的角色和发声器

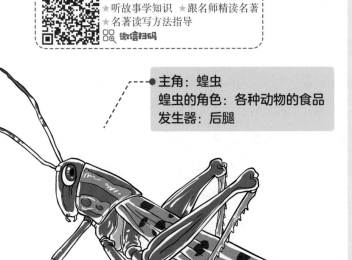

主角：蝗虫
蝗虫的角色：各种动物的食品
发生器：后腿

蝗虫的种类：
灰蝗虫、步行蝗虫、山顶
蝗虫……

　　本章通过对蝗虫主要食物来源的介绍，引出蝗虫是各种动物的食物，从而明确了它在大自然中的地位，使人们科学地认识到，蝗虫是生物链中必不可少的成员，在大自然中完全有其存在的价值。另外，还引出对科学技术合成的食物与自然界天然形成的食物的比较，肯定了蝗虫在维持生态平衡中的重要地位。

假如有那么一种狩猎，不杀戮，也不涉险，并且老幼皆宜，那便是捕捉蝗虫了。

小女孩举着小手，轻轻靠近，啪！她捉住了一只蝗虫，这只小虫纵身一跳，就跃进了纸漏斗。

就这样，圆锥形纸包一个接一个地鼓了起来，盒子里也住满了蝗虫。我对寄宿者们提的第一个问题是："你们在田野里扮演着什么样的角色？"蝗虫的名声普遍不好，书本把它们当作害虫。可在我看来，它们的功远大于过。即使它们偶然闯进园子觅一点食，也不是什么滔天大罪，只不过是咬破几片生菜叶子而已①。

九十月份，一个孩子用两根长长的芦苇秆，将一群火鸡赶到山顶草场。它们吃什么呢？吃蝗虫，火鸡们这儿吃几只，那儿捉几只，美滋滋地把嗉囊填得鼓鼓囊囊的。珍珠鸡在农场周围游荡，发出拉锯般的吱嘎声，它们在寻找什么？除了粮食，当然还有蝗虫。蝗虫会为它腋窝下加上一层脂肪，让它吃起来更美味。总之，只要是能随意游荡的家禽，就得感谢蝗虫为它们补充了高品质的食品。

除了家禽以外，就完全是另外一回事了。山鹑酷爱蝗虫，只要能捕到它们，它宁可不吃种子。我猎鸟的时候，总要记录下它们嗉囊和砂囊里的食物，以了解它们的饮食习惯。在鸟的菜单中，蝗虫排在首位。

还有一些其他动物，尤其是爬行动物，对蝗虫也喜爱有加。我有很多次在无意中发现，墙壁上的灰色小蜥蜴用尖尖的嘴巴叼着一只蝗虫的

①作者采用一个动态的场景——捉蝗虫，拉开了故事的帷幕，容易引起读者，尤其是小读者的兴趣。

残骸，这是它窥伺良久才捕到的战利品。

只要天赐良机，鱼儿也会好好享用一番蝗虫，而垂钓的渔夫也会在鱼钩上挂上蝗虫，作为特别诱饵。

只有一点让我感到犹豫：那就是直接吃蝗虫。小的时候，我曾经生嚼过蝗虫的大腿。我捉来一些肥大的蝗虫，按照那位阿拉伯作家的指点，撒上盐在黄油里十分简单地炸了一下。晚饭时，我们全家老小一同分享了这道奇异的炸制菜肴。

不过，我们那娇生惯养的胃并没有削弱蝗虫的优点，这些吃草的小虫在制造食物的工厂里扮演着举足轻重的角色。

生物世界不可避免地要受到果腹需要的刺激，因此任何事情都比不上获得食物重要。化学向我们承诺，在不久的将来，食物问题将得到解决。它的姐妹学科——物理学为它铺设了前进的道路。

有机物是唯一真正的食品，是实验室无法化合出来的。生命才是造出有机物的化学家。

蝗虫的肚子里有的是食谱，是蒸馏釜嫉妒一辈子也无法效仿的。这种集聚细微营养颗粒，养活了一群饥民的小昆虫，会演奏一种音乐来

蒸馏釜（zhēng liù fǔ）：一种化工生产中蒸馏所使用的釜。

表达心中的快乐。

不过演奏效果甚微，蝗虫的歌声如此之轻，我必须借助小保尔的耳朵，才能确认它的确发出了声响，就像是针尖在纸上划过发出的声音。这就是蝗虫的歌，几乎是寂静无声[①]。

对蝗虫那简陋的乐器，我们也不能期望过高。它与蚱蜢类昆虫向我们显示的完全不同：没有带锯齿的琴弓，没有如扬琴般紧绷和振动的翅膜。让我们以意大利蝗虫为例，其他会唱歌的蝗虫的发声器都与它的相同。它的后腿上下都呈流线型，每一面上都有两根竖长粗壮的肋条，在这两根最主要的肋条之间，阶梯状地排列着一系列小肋条，组成了人字形的条纹，这些肋条很突出，也很光滑。

鞘翅的下部边缘，也就是后腿作为琴弓弹拨的翅膀边缘，没有什么特殊之处。那里可以看到和鞘翅膜其他部位同样的粗壮翅脉，但没有任何粗糙的锉板，也没有任何锯齿。

云间透出一缕阳光。蝗虫立刻开始摩擦后腿，阳光越是温暖，摩擦就越激烈。只要太阳照着，新的小曲就不断。阴影回来了，歌声戛然而止。但并不是所有的蝗虫都用摩擦来表示快乐的，长鼻蝗虫长着不成比例的细长

①作者采用了打比方的手法，写出了蝗虫歌声微弱的特点。

后腿，即使有最暖和的阳光的轻抚，它仍旧闷闷不乐，一声不响。

　　也许同样由于有一双过长的后腿，胖胖的灰蝗虫也不会发声，当阳光和煦时，我发现它会在迷迭香丛中，展开翅膀飞快地扑打几十分钟。还有一些蝗虫在这方面更加不及。在高山地区，阳光较少被浓雾遮挡，这使步行蝗虫有了一件既优雅又简洁的礼服。是不是因为这身剪裁得如此精打细算的短小上衣，步行蝗虫才不会唱歌的呢？它后腿非常粗壮，可以当琴弓，但它没有凸出的鞘翅边缘，作为摩擦时的发音空间。我喂养了三个月，步行蝗虫却连最细微的响声也没有发出①。

　　其他蝗虫，特别是生长在山顶的蝗虫，都生着双翅，并且对此很满意。为何步行蝗虫不学着它们的样子呢？有人答道："因为进化停止了。"也许如此吧。幼虫自出生时，便怀有成年后飞翔的希望。作为对美好希望的保证，它背着四个套子，里面停放着珍贵的翅膀萌芽，一切都按正常进化的需要各就其位。可接下来，机体并没有将它的允诺付诸实现。它失信了，成年蝗虫没有得到飞翔的翅

---

①写出了步行蝗虫不会发出声音的原因，内容比较具体，具有科学性。

和煦（hé xù）：温暖。

膀，而是得到了无用的服饰。

有人向我们断言："因为需要，动物们经过不断试验，反复进化，最终进化出某种器官。"按照你们的理论，在需要、饮食、气候、习惯等条件同等的状态下，一些蝗虫成功地进化了，可以飞行，而另一些却失败了，仍然笨重地步行。在机体的发育中，有退步，有停顿，也有飞跃。面对无法勘破的物种起源问题，最好还是承认无知，避而不谈。

读懂经典文学名著，爱读会写学知识

微信扫描目录页二维码，获取线上服务

15 蝗虫的产卵

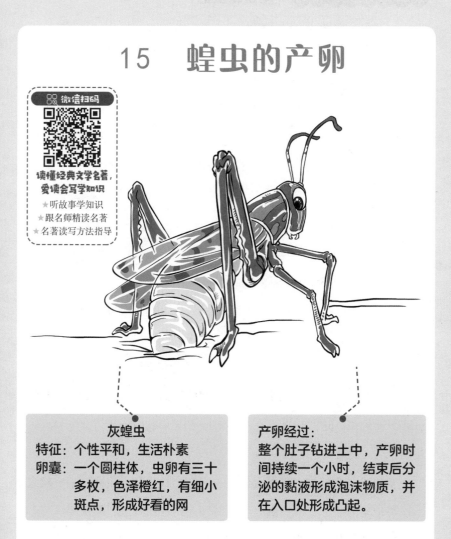

灰蝗虫
特征：个性平和，生活朴素
卵囊：一个圆柱体，虫卵有三十
多枚，色泽橙红，有细小
斑点，形成好看的网

产卵经过：
整个肚子钻进土中，产卵时
间持续一个小时，结束后分
泌的黏液形成泡沫物质，并
在入口处形成凸起。

  本章重点介绍蝗虫的产卵过程。作者在文章中介绍了灰蝗虫产卵的详细过程，还介绍了灰蝗虫、黑面蝗虫、蓝翅蝗虫、意大利蝗虫等卵囊的特点。作者又以长鼻蝗虫和灰蝗虫为例，介绍了这两种蝗虫的幼虫在孵化时遇到的阻力，由衷地感叹生命的坚强与伟大。

昆虫生活在世界上，其目的就是尽量繁衍，使种族不断壮大，这就是被指定用来制造食物的昆虫的至上法则。

意大利蝗虫是我家附近最狂热的跳跃昆虫。它身材矮小，踢腿有力，穿着短短的鞘翅，勉强盖住整个腹部。大部分意大利蝗虫都是偏棕红色的，点缀着棕色的斑点。一些稍微优雅一点的意大利蝗虫，前胸有一条白色的绲边，一直延伸到头部和鞘翅。翅膀的根部呈玫瑰红色，其余部分则是透明的，后胫节呈酒红色①。

在温暖的阳光下，母蝗虫选择了金属罩的边缘作为理想的产卵地点，因为钟形罩的网纱可以根据需要为它提供支撑点。

现在蝗虫母亲的身体有一半插在沙里，已经安顿好了。它的上身微微抖动，伴随着有规律的间歇，这显然是输卵管在用力排卵的缘故。然而它对产下的卵看都不看一眼，也不扫扫沙土将产卵的洞口遮住。

其他蝗虫可不会如此毫无牵挂地将它们的卵抛弃。如黑条蓝翅蝗虫和黑面蝗虫，这两种昆虫在产卵时间里所采取的姿势与意大利蝗虫相同。

灰蝗虫是我们这一带最大的蝗虫。它个性平和，生活朴素，丝毫不损害地里的庄稼。灰蝗虫的产卵时间大约在四月底，雌灰蝗虫与其他蝗虫产妇一样，在肚子的顶端不同程度地配备着四个短短的挖掘器，它们成对地排列着状如带钩的爪子，上面的那对比较粗壮，钩爪朝上；下面的那对小一些，钩爪朝下。这就是打孔的工具——蝗虫的

①详细描写了意大利蝗虫的样子，体现了作者观察细致的特点。

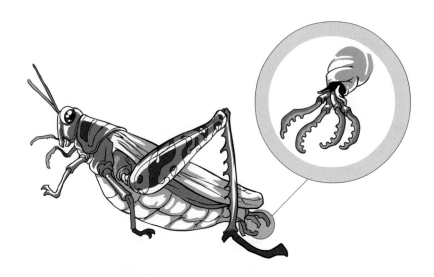

鹤嘴镐与钻头[1]。

产妇把自己长长的肚子弯曲起来，垂直于身体的轴心。它用四个钻头咬住地面，翻起一些干燥的土壤。后来这虫子一动不动，聚精会神。打孔器即使钻进松软的土层，也不会如此悄然无声。探测头好像在钻一块黄油，而事实上，它钻的却是坚硬而结实的地面。

放置虫卵的最佳地点并非总能在第一次挖掘时遇到。我看到这只雌蝗虫将整个肚子钻进土中，连续打了五个洞，还没有找到合适的地点。第六次试钻时，雌蝗虫认为找到了合适的地点，于是产卵便开始了，产卵的过程持续了整整一个小时[2]。

①用简洁、准确的语言向读者介绍了灰蝗虫的特点以及产卵的时间。
②这说明了蝗虫对产卵的地点要求很高，同时也反映了蝗虫寻找产卵地点的不容易。

悄然无声（qiǎo rán wú shēng）：静悄悄的，听不到一点儿声音。

终于，它的肚子逐渐升了上来。它的排卵管口不断地抖动着，分泌出一种起泡的黏液，形成了乳白色的泡沫。泡沫物质在卵洞的入口处形成一个圆形凸起，它凸出得很明显，呈白色。

后来我找到了蝗虫的卵囊，卵囊里没有任何特殊的东西，仅有泡沫和卵而已，卵只占了囊的底部，它们浸在泡沫外皮中，倾斜而有序地挤放在囊里。

囊的上半部分时大时小，全部由松弛而脆弱的泡沫构成。鉴于它在幼虫孵化时所起的作用，我将它命名为"上升通道"。

灰蝗虫的卵囊是一个长6厘米，直径8毫米的圆柱体。虫卵是黄灰色的，长长的呈纺锤形。它们斜放着浸在泡沫里，只占卵囊全长的六分之一左右。虫卵的数量并不多，大约30枚，但蝗虫母亲能产好几次卵。

黑面蝗虫的卵囊形似略微弯曲的圆柱体，下端浑圆，顶端陡然切断。其长度大约3～4厘米，直径5毫米。虫卵的数量有20多枚，色泽橙红，上面装饰着细致的斑点，组成一张好看的网。

蓝翅蝗虫的卵囊像一个胖胖的逗号，鼓起的一端在下，纤细的一端在上。卵也被放在蒸馏釜状隆起的卵囊底部，同样为数不多，最多30枚，色泽是鲜艳的橙红色，但表面没有斑点。卵囊的上面有一根圆锥形的弯曲柱头。

步行蝗虫采用的是平原居民蓝翅蝗虫的产卵方式。虫卵为20多枚，呈深红棕色，装饰着由凹陷斑点组成的纤细花边，十分精美。

意大利蝗虫的卵囊分为两层，下层呈卵形，堆积着虫卵；上层收细，像逗号的小尾巴，完全由泡沫构成。两层之间由一条几乎畅通的峡谷连接。

蝗虫的技艺中肯定还包括其他虫卵保护箱，它能用不同的建筑来保护虫卵，有的简单些，有的复杂高深些，但都值得我们去关注。

长鼻蝗虫在圆锥形头脑壳的顶上，有一对卵形的大眼睛。它除了吃绿叶以外，还啃食体弱的同伴。

长鼻蝗虫每次排出的卵囊形状都不相同，它是通过什么机制，使排出的黏稠物起泡，先变成多孔的柱子，再变成包裹虫卵的褥子呢？原来，这道起泡的工序是在体内进行的，体外没有任何迹象能显示这道工序。黏液一见天，便已经是泡沫状的了①。

其他蝗虫也一样。它们把卵储藏在泡沫桶里，并将泡沫延长，形成一条上升通道，蝗虫母亲把肚子埋在沙中，同时排出卵和发泡的蛋白。所有这一切都是依靠各个器官机制相互配合，自动进行的。

长鼻蝗虫和灰蝗虫的幼虫孵化较早。八月份，发黄的草地上已经蹦跳着灰蝗虫的孩子们了；十月还未过去，人们就能经常在草丛中看见长着圆锥形脑袋的幼虫了。但是，其他大部分蝗虫的卵壳都要过冬，等到来年春回大地时才能孵化。小蝗虫在上升通道的帮助下到达地面附近后，又是怎样最终获得自由的呢？于是，在春末这样适宜的季节，我通

①写出长鼻蝗虫的特点以及每次排出的卵囊形状与其他蝗虫不相同的具体原因，吸引读者的兴趣。

过实验观察了地下幼虫迁徙的过程，在这个过程中最能满足我好奇心的是蓝翅蝗虫。六月底，我看到一些蓝翅蝗虫正在艰苦地从事追寻自由的工作。

蝗虫的挖掘工具同蚱蜢类昆虫一样，位于后颈。那里有一个活塞一样上下伸缩的泡囊，一会儿鼓起，一会儿瘪下。这个位于头部的小小泡囊，十分柔弱，却要同坚硬之物相摩擦冲撞。蝗虫的幼虫一连数日都在用头部的挖掘器努力开挖，寻求光明。

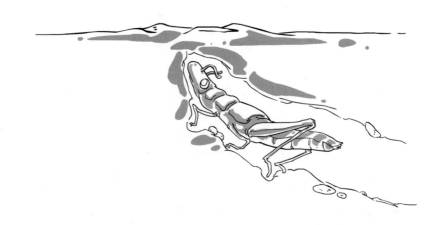

16　蝗虫的最后一次蜕皮

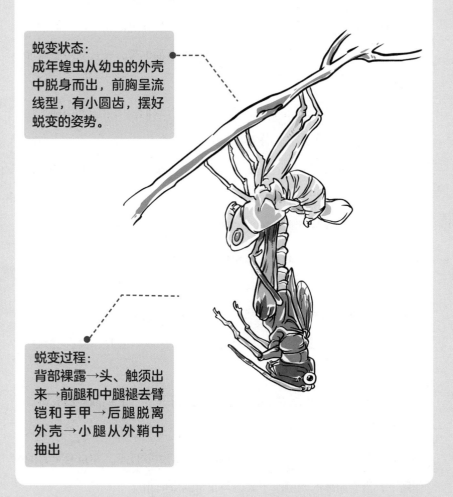

蜕变状态：
成年蝗虫从幼虫的外壳中脱身而出，前胸呈流线型，有小圆齿，摆好蜕变的姿势。

蜕变过程：
背部裸露→头、触须出来→前腿和中腿褪去臂铠和手甲→后腿脱离外壳→小腿从外鞘中抽出

　　在本章里，作者全程细致观察，详细介绍了蝗虫的蜕变过程：蝗虫先从背部开始裸露，然后依次是头部、触须、前腿和中腿、鞘翅和翅膀、后腿、小腿以及小腿上的锯齿与外壳的脱离，其中对小腿上锯齿的脱离过程做了特别详细的描写，从而赞美了蝗虫的伟大、智慧，以及生命的复杂和完美。

我刚刚亲眼看见了蝗虫的最后一次蜕变，成年蝗虫从幼虫的外壳中脱身而出，幼虫体形肥胖，因此并不优雅，只是完美成虫的一个粗糙雏形，通常呈浅绿色，但也有蓝绿色、暗黄色、棕绿色的幼虫。它们前胸呈流线型，有小圆齿，粗大的大腿上镶着红色的饰带，长长的小腿两面生有锯齿[①]。

当昆虫感到自己已经成熟，将要蜕变时，它们就用后腿和中腿抓住钟形罩的丝网，摆好脱皮的姿势。

首先要做的是让旧外套裂开。前胸后面的尖端下方交替胀缩着，造成搏动。同样的动作在后颈前端，而且很有可能在整个将要裂开的外壳下进行。昆虫的血液在那里像波浪般地涌动着，外壳受到牵拉，最终沿着一条最为脆弱的缝隙裂开，这条缝隙是生命通过微妙的预测早已准备好的。沿着这条缺口，昆虫的背部裸露出来了。头也跟着从面具里抽了出来，那面具还留在原位，连最细微的部分都完好无损。可见，触须在从如此狭窄，包裹得既紧又精确的外鞘中摆脱出来时，没有受到任何阻碍。

现在轮到前腿和中腿蜕去它们的臂铠和手甲了，它们同样没有造成一丁点细小的裂缝，没有一丝褶皱。鞘翅和翅膀出现了，它们是四块狭小的破布片，上面隐约有些条纹状的沟。它们柔软极了，在自身重力的作用下，沿着躯体的两侧垂下来，与正常的方向相反。

后腿脱离了外壳，粗壮的大腿露出来了，朝里的那一面呈浅粉红

①描写细致具体。通过诙谐幽默的语言，形象地描写出了小蝗虫的样子。

色，不久之后就成了鲜艳的胭脂红彩带。蜕皮过程很轻松，因为有粗壮的后腿为细长的骨头开道。可小腿却不同了。蝗虫成年后，它的整条小腿上都竖着两排锋利而坚硬的小刺。此外，小腿的下端还有四根强有力的马刺。幼虫的小腿也有相同的结构，因此，等待蜕皮的小腿被裹在外形同样粗野的鞘里。每一根马刺都被套在另一根一模一样的马刺中，每一个锯齿都被嵌在另一个相似的锯齿槽中[①]。

　　然而这条胫骨锯子从那又窄又长的外鞘中抽出时，却连一点钩破的痕迹也没有。这样的结果真是出乎我的意料。

---

　　①作者将蝗虫蜕皮的过程完美地展现在读者的眼前，精准到每一根马刺，可见作者观察得十分细致。

事实上，我正在目睹的并不是简单地将护腿丢掉，从盔甲里露出已经成形的小腿的过程，而是一个诞生的过程，其速度之快，让我们感到震惊和困惑。

蝗虫的长腿抽出来了。它们懒洋洋地弯曲在大腿的骨沟里，静静地成熟。肚子也蜕皮了。在整个细心而漫长的工作中，这四个小钩一直没有脱落，因为蜕皮的过程是十分细致而谨慎的。

蝗虫一动不动，身体的后部被它的破衣烂衫固定着。二十分钟就这样在等待中过去了。接着，悬挂着的昆虫背脊一用力，便立起来了，用前跗节抓住自己头顶上挂着的旧鞘。

身体拔出的过程似乎把一切全都震落，只要这个过程没有完成，那些小钩就一直会紧紧地钩着；可拔出动作一完成，即使是轻轻一摇，它们也会被震下来。让我们再回过头来看看鞘翅和翅膀吧。它们脱出外鞘之后，没有明显的变化，仍然是一些长着竖细条纹的残肢，几乎可以说是小绳头。它们要花三个多小时才能展开，翅膀完全展开时像一把折扇。

我拔下一片发育到一半的翅膀，用显微镜的强大镜头对准它。这一回，我心满意足了。我看到，在那个似乎正在逐步编织网格的两部分的交界处，的确存在着网格。翅膀此时并不是织布机上依靠生育能源带动梭子编制出来的织物，它已经是一块完整的织物了。经过三个多小时，翅膀终于完全展开了。翅膀和鞘翅在蝗虫背上，像一片巨大的羽翼，有时是透明的，有时是嫩绿色的，就和蝉的翅膀最初的时候一样①。

这个美丽的盔顶竖起四片平展的翅膀，慢慢变硬，并且开始有了颜色。蝗虫的护胸甲沿着中心的流线型曲线裂开后不久，四片残肢便从它们的外鞘中抽了出来，这四片鞘翅和翅膀已经有了翅膀的网络，虽然这网络还不完备。

我把一片幼虫的小翅膀放在放大镜下观察，它已经发育，可以蜕变了。我看到一束呈扇形辐射状的粗壮翅脉。在这些翅脉之间，穿插有其他苍白而纤细的翅脉。这就是未来鞘翅的简陋雏形，它与成熟后的器官是多么不同啊！作为翅膀构架的翅脉，其辐射分布完全不同。

当我们眼前同时放着准备阶段和最终阶段的实物时，事实就显而易见了：幼虫的小翅膀并不是一个模子，它并不简单地按照自己的模样加工材料，并根据中空部分的式样塑造鞘翅。

要使可生成器官的材料具有薄片的形状，并构成错综复杂的脉序迷宫，自然需要比模子更好、更高级的结构。生命的诞生方式无穷无尽，有许多比蝗虫的蜕变更为精妙的奇迹值得我们去思考，但总的来说，这

①写出了蝗虫翅膀和鞘翅的样子，描写形象逼真。

辐射（fú shè）：从中心向各个方向沿着直线伸展出去。

些奇迹都被时间羽翼遮掩，不为人们所看见。如果想目睹生命是如何以超乎想象的灵巧来造物的，那么我们来看看葡萄藤上的大蝗虫吧！仅仅几个小时的时间，大麻籽就成了精美绝伦的布料，面对如此卓越的魔术，不由您不目瞪口呆。这次老博物学家说得真好！让我们和他一起重复这句话："葡萄藤上的蝗虫刚才在它微不足道的角落里向我们展示的，是多么强大、睿智、复杂而完美的生命啊！"

一位博学的研究者希望有一天能通过人工的方式获得可生成器官的物质，即"原生质"。就算您成功了，您为得到"原生质"做了充分的准备，您用机器提取出一种蛋白质黏液，但它极易腐烂，几天后便发出恶臭，就会一文不值。蝗虫会将"原生质"注入它小翅膀的两层薄片中，"原生质"在里面可以形成鞘翅，因为它得到了我先前提到的想象中原型的指引。

17 大孔雀蝶

大孔雀蝶
特征：欧洲最大的蝴蝶，翅膀五颜六色，从不吃东西
天赋：刺破黑暗，不畏路途遥远，穿破重重障碍寻找意中人
存活时间：几天
目的：繁衍后代
喜好：光亮

　　大孔雀蝶一生中唯一的目的就是找配偶，为了这一目标，它们继承了一种很特别的天赋：不管路途多么远，路上怎样黑暗，途中有多少障碍，它们总能找到对象。它们到底是用什么器官进行感知？在它们的一生中，大概有两三个晚上，它们可以每晚花费几个小时去寻找它们的对象。如果在这期间，它们找不到对象，那么它们的生命也将结束了。

大孔雀蝶是欧洲最大的蝴蝶，它的翅膀五颜六色，这些颜色交织在一起，变化多端①。

五月六日的上午，出于观察者的习惯，我把一只刚出生的雌性大孔雀蝶关进钟形金属网罩。

晚上九点左右，忽然听见小保尔着急的声音："快来，快来看看这些跟鸟一样大的蝴蝶！"

我吓了一跳，不敢多想，立马跑了过去，我被眼前的景象惊呆了：一大群巨大的蝴蝶成群结队地在天花板上飞舞，有四只被保尔抓了起来。于是我跟保尔说："跟我看好东西去。"

啊，楼道里，厨房里，整个房间里，到处都是这种大蝴蝶了！看来，大孔雀蝶在我家已经是无孔不入了②。它们看到我手中的蜡烛，就来了个"飞蛾扑火"。现在整个房间就像是一个战后的战场。

之后的八天里，蝴蝶们总是在晚上八点到十点之间准时赴约。它们穿过枝叶和草丛，最终到达心中的圣地。

那么，大孔雀蝶为什么在黑暗的环境中依然能够游刃有余地到达目的地呢？这是因为它长着神奇的复眼。但是，即便如此，要穿越重重阻碍来到工作室，也不大可能。

其实，大孔雀蝶也会弄错吸引它前去的确切地点。厨房里明亮的

①用简洁的语言来介绍大孔雀蝶，它不仅颜色多，而且富于变化，给人一种灵动的美丽。
②"无孔不入"用词巧妙，是以说明我家的大孔雀蝶的数量非常多，飞得到处都是。

游刃有余（yóu rèn yǒu yú）：形容做事熟练，轻而易举。

灯光，对它们实在是一种不可抗拒的诱惑，这足以让它们偏离目标，来到了厨房。

一定有东西在远处向它们发出信号，把它们引到确切的地点附近，然后它们自己一直努力寻找，直到最后到达目的地。是不是触须的作用呢？这要通过实验才能得出结论。

第二天，我把前一天晚上坚持留下来的八只蝴蝶的触须齐根剪断，但是它们好像完好无损一样，没有一只被剪去触须的蝴蝶发狂。然后，我将钟形罩及里面的雌蝴蝶搬到了门廊底下的地上，那儿离工作室约有五十米。

晚上，我发现八位伤员中有六只已经寻找自己的伴侣去了，而剩下的两只已经奄奄一息。当然，这不是手术的失误，而是它们大限将至[①]。

我一次又一次提着灯笼和网兜去看，在那里，只要有雄蝴蝶我就会捉住，然后放到隔壁关着门的房间里。到十点半，我总共抓了二十五只雄蝴蝶，其中一只没有触须。只有一只的结果使我无法确定触须的导向作用，因此我必须做一个规模更大的实验。

---

① "不是……而是……"这一关联词巧妙地强调了蝴蝶不是因为失去了触须而奄奄一息，而是因为它们的生命已经走到了尽头。

奄奄一息（yǎn yǎn yì xī）：指生命垂危。

第二天早上，那只被剪掉触须的蝴蝶已经濒临死亡，而其他的也有气无力。于是我给那二十四只新被抓住的大孔雀蝶切除了触须，然后我把"监狱"的房门打开。为了使离开的蝴蝶们接受寻找实验，我把钟形罩放到住宅另一侧底楼的一个房间里。

我发现，二十四只伤员中，有十六只飞到了屋外，但没有一只回到罩边，其余的全部牺牲。失去华美羽饰的大孔雀蝶们没有出现在其他竞争者的面前，这是因为自惭形秽呢，还是由于失去了导向器官呢？又或者是因为它们的热情消减呢？我还得接着实验①。

第四个晚上，我又抓到十四只雄蝴蝶，然后，我稍稍剪去了它们腹部中央的一些绒毛，这样不会给它们带来任何不便，也不会使它们失去任何寻找钟形罩所必需的器官。

到了夜晚，它们全部飞回了野外。

这晚我捉到二十只蝴蝶，只有两只被剪掉绒毛。前天被剪去触须的蝴蝶已经销声匿迹，另外十二只到哪去了呢？为什么一夜的囚禁之

①对实验结果的进一步推测，体现了作者探究问题的兴趣不断深入。这也可以看出法布尔对昆虫研究的浓厚兴趣。

后，总会有大批的蝴蝶奄奄一息呢？那是因为大孔雀蝶们被强烈的交配欲望折磨得筋疲力尽。

大孔雀蝶从不吃东西，它生存只是为了繁衍后代。大孔雀蝶凭借自己特殊的天赋刺破黑暗，不畏路途遥远，穿破重重障碍，跋山涉水地来到目的地，寻找它们的意中人。它的生命只有两三个晚上[①]。

因此，那些被剪去触须的雄蝴蝶的不归是因为"年老"而即将离开这个世界。因而它们的缺席对我们的研究毫无作用，我们依然无法知道触须的作用。

雌性大孔雀蝶在罩里存活了八天，这八天晚上总共有一百五十只大孔雀蝶飞来。我家附近几乎没有这种蝴蝶，因此，它们全都来自远方。那么它们怎么会知道我工作室里发生的事情的呢？

通过这个实验，我们知道光和声音与信息传递无关。

那么气味呢？可是，实验结果使我不敢相信是气味的缘故。

第九天，我的囚犯死了，只留下一堆不曾受精的卵。由于没有了实验对象，因此我在明年之前都将无事可干。

为了实验，夏天，我发动我周围的孩子们为我找来了一些大毛毛虫。经过我的尽心照顾，它们为我结出了漂亮的茧子，之后让我拥有了很多各种各样的大孔雀蝶的茧，其中的十二只我推断里面是雌蝴蝶的茧。

然而，我的大孔雀蝶们多灾多难。它们不仅孵化得慢，而且都是些

---

①大孔雀蝶只有一个使命——繁衍后代，这既是一种责任，也是一种担当。短暂的生命并不是为了享受，而是为了让自己的生命得到延续，这不得不让人肃然起敬。

迟钝麻木的蝴蝶。雌蝴蝶们在钟形罩里等待着，然而来自外面的雄蝴蝶很少，甚至没有。这一次实验又失败了。

可我依旧信心百倍，开始了第三次实验。这一次，我搜集了很多虫茧，而且天公作美，大量雄蝴蝶涌来。每天晚上，雄蝴蝶们围着钟形罩飞来飞去，时间一长，雄蝴蝶就飞跑了，但是很快就有新人代替它们[1]。

每天晚上，我都会移动钟形罩的位置。可是，这对大孔雀蝶没有作用，它们依然能够找到位置。一个比记忆更可靠的向导把它们召唤到了雌蝴蝶的所在地。

雄蝴蝶可以凭着微弱的光线看到雌蝴蝶，但如果把它关到一个不透明的容器里会怎样呢？雌蝴蝶会不会使用电波或磁波进行信息传播呢？

鉴于此，我把雌蝴蝶关进封闭的盒子里。

但是，只要盒子有一点不严，就会有大批雄蝴蝶前来。这样看来，任何类似于无线电报的传递手段都是不可能的。

大孔雀蝶茧子没有了，可问题还没有答案。鉴于大孔雀蝶对光亮的痴迷，我放弃了大孔雀蝶及其夜间的婚礼。我需要一种在白天进行活动的蝴蝶。

在结束大孔雀蝶的实验之后，飞来一只小孔雀蝶。

有人给我一只漂亮的茧子，我一看它的结构就知道是夜间活动的大孔雀蝶的同类。果然，三月底，一只雌性的小孔雀蝶出生了。它一出茧，就被我关进了工作室的钟形金属网罩里。

[1] 进行实验，失败，再进行实验……为了自己的目标，作者不惧麻烦与失败，体现了他对科学事业的热爱和对真理的追求。

有了雌蝶，雄性小孔雀蝶就源源不断地飞来。所有的这些雄蝴蝶都来自北面，而这个时候北风依然呼啸着，这就说明气味没有向它们传达信息。

雄蝴蝶们焦急地寻觅着，但是没有找到诱饵的确切地点。不过，它们迟早会找到，但它们不会久待。两个小时后，一切都结束了，总共飞来了十只雄性小孔雀蝶。

就这样，一个星期里，总共有四十只左右的雄性小孔雀蝶飞来。我决定终止实验。我只注意到两个现象：第一，小孔雀蝶的活动需要充足的阳光；第二，强烈的气流从反方向将可能传递信息的气味微粒一扫而光，却并不像我们的物理学所想象的那样，阻止雄蝴蝶逆着气味到达目的地。

　　我若想继续观察，就得需要一种在白天举行婚礼的蝴蝶，但不是小孔雀蝶，我需要另外一种蝴蝶，随便什么，只要它在婚礼上机敏灵活就行。我能拥有这样的蝴蝶吗？

18 小条纹蝶

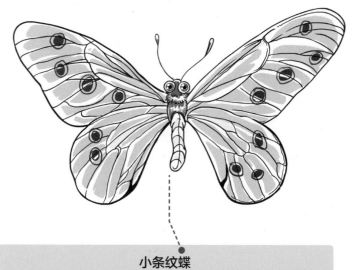

小条纹蝶

别称：橡树蛾
技能：雌性小条纹蝶通过留在物体上的气味来吸引雄性
　　　条纹蝶；雄性小条纹蝶靠敏锐的嗅觉来寻找雌性
　　　小条纹蝶
触须：远距离接收信息的器官

　　雌性小条纹蝶是如何吸引雄性小条纹蝶的呢？为了能找出指引并召唤雄性小条纹蝶的真正信息，法布尔做了很多实验，如在碟子里分别放樟脑、石油、臭鸡蛋味的硫化物等，结果都失败了。后来在无意当中，他发现了能召唤雄性小条纹蝶的真正原因是雌性条纹蝶身上发出的特殊气味吸引了它们，并通过再次实验得到了验证。

一个卖萝卜的男孩送给我一只橡树蛾的茧。听说，雌蛾刚刚孵化，雄蝴蝶们就会前来和它约会。

我给它取了一个新名字——小条纹蝶。小条纹蝶在这一带很少，我在这里从来不曾见到过它。

卖萝卜的孩子后来再也没有找到过第二只茧。三年里，我还始终在寻找这种茧，但却一无所获。这珍贵的茧子始终找不到。这一切都说明小条纹蝶在我们这个地区非常稀少，一旦时机成熟，我们就将会看到这个细节的重要性。

八月二十日，茧里孵化出一只雌性小条纹蝶，我把它关进钟形罩中，放在工作室里。小条纹蝶日益成熟，到了第三天，蝴蝶新娘准备就绪。婚庆轰轰烈烈地展开了。下午三点左右，阳光灿烂，一大群雄蝴蝶在敞开的窗前盘旋。大约六十只小条纹蝶在工作室里盘旋着，最性急的则停在罩子上，用脚爪相互骚扰、推搡，希望抢一个好地方。可是雌蝴蝶只是平静地无动于衷地等待着①。

三个多小时过去了，太阳西沉，气温降低，有的蝴蝶飞走了；剩下的蝴蝶就找一个地方停下，为明天的狂欢养精蓄锐。

第二天，我把一只小螳螂放进罩里，可是，它竟然把蝴蝶吃掉了。整整三年，我都将因为没有实验对象而无法继续观察。

---

① "骚扰、推搡""抢"等动词形象地说明了雄蝴蝶们激动兴奋的心情。

无动于衷（wú dòng yú zhōng）：指对令人感动或应该关注的事情毫无反应或漠不关心。

三年过去了，朝思暮想许久后，好运终于让我又得到两只小条纹蝶的茧子。八月中旬，茧孵化出两只雌性小条纹蝶，这使我得以调整和重复我的实验①。

我很快就重新进行了曾经在大孔雀蝶身上做过的实验，实验结果也是一样。

只要盒子关死，就没有一只雄蝴蝶飞来。于是，关于气味的想法又在我的脑海里产生了。

我又把原来做的樟脑球的实验在小条纹蝶身上重复进行了。这次，我把我药箱里所有能散发香味或恶臭的东西，全都用上了。我把十几只小碟子分别放在钟形罩里面和它的四周，围成一圈。这些碟子有的盛着樟脑，有的盛着宽叶薰衣草精油，有的盛着石油，还有的盛着散发着臭鸡蛋味的硫化物。这些东西我早就放好了，为的是等雄蝴蝶来时，房间里可以彻底弥漫着这些气味。很快，这种气味就出现在房间里了。那么，这能不能让雄性小条纹蝶迷失方向呢②？

实验证明我的计划又失败了。雄蝴蝶们对这些气味视若不见，直接飞向被关着的雌蝴蝶。但一次意外发现让我的探索有了转机。

一天下午，我把雌蝴蝶放进了桌上的一个玻璃罩里，让它栖息在橡树枝上，并且正对着打开的窗户，为的是让雄蝴蝶轻而易举地看到雌蝴

①三年里，作者始终没有终止自己的实验，而是坚持不懈地进行着自己的探索，再次印证了他追求真理、探求真相的精神。
②从一个"早早"可以看出作者为了这次实验做好了充足的准备。

蝶。雌蝴蝶在金属罩里一只铺着细沙的瓦罐中度过了前一个夜晚和今天的上午，现在这只瓦罐妨碍了我的手脚。于是我随手将它放到了房间另一边地板上昏暗的角落里。

可是来访的雄蝴蝶没有一只在玻璃罩前停留，而是全都飞到我放置瓦罐和金属罩的昏暗角落。

整个下午，空空如也的金属罩周围一直都喧嚣不堪。终于，大部分雄蝴蝶飞走了，一些顽固的雄蝴蝶仍不想离开，似乎有一股魔力把它们吸引住了。

雄蝴蝶们为什么被诱饵弄得神魂颠倒，却置真正的情人于不顾呢？昨天晚上和今天上午，雌蝴蝶所碰过的东西，特别是它那大肚子所碰过的东西，一定渗透了某种气味。这气味就是使小条纹蝶的世界天翻

地覆的原因。沙土能把这气味保持一段时间，将其散发到四周。

所以，是嗅觉在指引小条纹蝶，并向它们传递信息。雄蝴蝶们受嗅觉影响，便奔向透着神奇的气味的网罩、沙土。它们来到这里，魔法师雌蝴蝶早已无影无踪，只留下它的气味①。

无法抗拒的春药应该是一种气味，将雌蝴蝶的大肚子所接触过的东西彻底渗透。虽然玻璃罩放在桌子上或玻璃板上，但因为没有气味，因此雄蝴蝶就不会前来。目前，我不能把气味无法穿过某种屏障的事实作为雄蝴蝶不来的理由，因为即使我保证罩子内外空气的自由流通，雄蝴蝶一开始仍然不会马上飞来，虽然房间里的雄蝴蝶有很多。但是，如果再等上半个小时左右，盛有雌性精油的蒸馏器就能开始发挥作用了，来访者就又多了。

明白这些之后，我便可以进行各种各样的实验，而所有这些实验的结论都大同小异②。早上，我把雌蝴蝶关进金属网罩，还是让它停在小橡树枝上，整个身体埋在一堆叶子中间，而那堆叶子肯定已浸满了它的气味。当访客到来的时间临近时，我把满是雌蝴蝶气味的树枝放在离窗口不远的一把椅子上，把雌蝴蝶留在金属罩里放在房间正中十分显眼的桌子上。

雄蝴蝶们越来越多，它们始终在窗户附近飞舞，而在窗户的不远处，就是那把放着橡树枝的椅子。没有一只雄蝴蝶飞向雌蝴蝶所在的地

①用词生动巧妙，如将雌蝴蝶说成"魔法师"，说明它身上的气味是吸引雄蝴蝶的原因。
②"明白这些"紧承上文，"进行实验"开启下文，这句话在这里起到了承上启下的过渡作用。

方，它们在犹豫、更在寻找。

终于，它们找到了有气味的橡树枝。它们飞快地停到叶子上面。它们不停地搜寻，使树枝掉到了地上，但蝴蝶们仍然探索着。在它们翅膀的撞击和脚爪的拍打下，小树枝现在就像是在地上奔跑^①。

这时候，突然来了两只小条纹蝶在原来放树枝的地方热切地寻找着。地上，雄蝴蝶们继续推搡着橡树枝，在椅子上，它们继续探测着先前放树枝的地方。夕阳西下，气味也在逐渐减弱和挥发，来访者们都离开了。

接下去的实验告诉我，不管是什么，只要是雌蝴蝶待过的木头、玻璃、大理石或金属，都会对雄蝴蝶产生强大的吸引力。但是由于物体质地不同，它们保持吸引力的时间也不同。只要是雌蝴蝶停留过的东西，都能通过接触，将其气味、吸引力传播到别处。这就是为什么橡树枝掉到地上以后，仍会有雄蝴蝶朝椅子飞来。

只要是雌蝴蝶曾经待过一段时间的物体，都会沾上它的气味，只要这些气味还没有挥发殆尽，这些物体就会成为对雄蝴蝶极具吸引力的中心。

但是，没有任何看得见的东西显示着这个诱饵的存在。

诱饵的制备过程缓慢，而且需要一段时间，才能充分发挥效力。如果把雌蝴蝶从栖息物上拿开，它就会暂时失去吸引力，雄蝴蝶对它变得十分冷淡；而它所栖息的物体，却因沾上了它的气味，成为雄蝴蝶们的

①描写细腻传神，"用翅膀撞击""用脚爪拍打"等文字，把它们此时此刻那激动兴奋的心情描写得淋漓尽致。

目标。不过，雌蝴蝶的吸引力很快就会恢复，被暂时遗忘的它不久就能重掌大权。

雌小条纹蝶孵出之后吸引雄蝶的时间要晚于大孔雀蝶。

那么触须到底有什么作用呢？[1]我在小条纹蝶身上开始了以前做过的截肢实验，被剪去触须的蝴蝶一只都没有飞回来。但我们并不急着下定论。它们不飞回来是有原因的。

此外，我家附近还有一种与小条纹蝶相像的叫苜蓿蛾的小蝶蛾，我在花园里发现了它的茧，但我经常把它同小条纹蝶的茧混淆，为此我还上过一次当。我本希望从六只茧里孵出六只小条纹蝶，不料却孵出了六只其他种类的雌蝴蝶。尽管我家附近无疑存在着雄蝴蝶，但出生在我家的蝴蝶妈妈身边的小蝴蝶里面，从来就没有出现过一只雄蝴蝶。

如果触须是远距离接收信息的器官，那为什么长着华美触须的雄苜蓿蛾的邻居没被告知发生在我工作室里的事情呢？为什么它们对某些事情无动于衷，而相似的事情可以让另一种小蝶蛾成群结队地赶来呢？

①以疑问句设置悬念，激发读者的阅读兴趣。

这说明：器官不能决定能力。尽管有些昆虫长着类似的器官，但它们有的具有某种能力，有的却不具有。

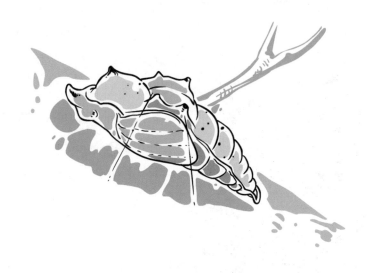

19 胡蜂（上）

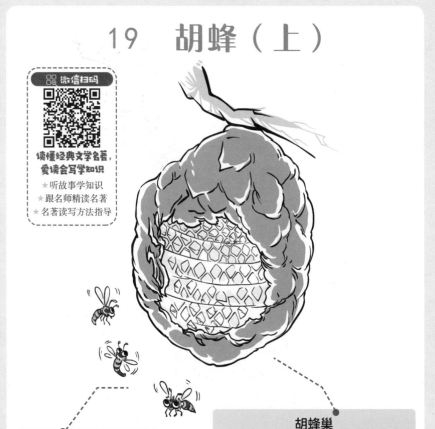

特点：
具有高超的工艺能力，
但缺乏思考能力。

胡蜂巢
特征：外部像个南瓜，内部有多
层巢脾和巢盘，胡蜂窝的
门都淹没在鳞片结构之中
材料：用有弹性的、薄薄的灰色
的纸做成的鳞状薄片

　　本章重点介绍了胡蜂的蜂巢以及胡蜂在冬天的生存状况。作者在研究的过程中，不畏艰难，不怕危险，坚持不懈，表现出可贵的求真精神。

九月里的一天，小儿子保尔同我一起外出散步。"胡蜂窝！"保尔叫起来，"有个胡蜂窝，一定是！"

我们靠上去一看，在圆形入口处，胡蜂们正在忙碌着。为了安全，我们决定天黑以后胡蜂回巢了再来。

夜里九点左右，我和保尔将四分之一升汽油、一根一拃长的芦苇、一大团事先揉过的黏土等工具装进手提袋，手里提着灯笼，直奔胡蜂窝而去了。

到了之后，我们把导管安置就位，让它将瓶中的液体引入了地洞。接着只听到地下的居民发出气势汹汹的沙沙声①。这时我们赶紧用和好的黏土封住出口，并踩实。然后我们就回家了。

清晨，我们来到蜂窝前，昨晚晚归的胡蜂正好归巢。我们赶跑它就投入到紧张的工作当中。

我们挖到半米深的地方，看到了一个完好无损的胡蜂窝，悬挂在一个宽敞洞穴的拱顶上。这蜂窝大小如普通南瓜，靠植物的根茎深深扎入洞壁，将蜂窝牢牢地固定在洞顶上。

蜂窝下方，闲置的空间更大，它呈圆形，像一个宽大的盆，这是胡

---

① "气势汹汹"一词用得好，它既可以说明洞内胡蜂的数量多，又能说明它们此时的混乱。

气势汹汹（qì shì xiōng xiōng）：形容态度、声势凶猛而嚣张。

蜂们完全靠自己挖的，挖出的土块被它们用上颚衔着飞到远处抛掉了。

蜂窝的建筑材料是一种薄薄的有弹性的灰色纸，胡蜂用纸浆造出一张张大大的鱼鳞状薄片，将它们重叠成许多层。这些薄片厚实又多孔，充满了静止的空气。在温暖的季节里，这样建成的庇护所一定会非常热，能达到北非那儿的温度。

胡蜂虽然在保暖工艺方面超越了我们，但是它们缺乏思考能力。它们会在很小的困难面前束手无策，它们没有逐步改进蜂窝所需要的清醒头脑①。

为了安全，我要把在我家附近的胡蜂赶跑，也正好利用这个机会来做实验。

我做实验用的是钟形大玻璃罩。胡蜂归巢之后，我把钟形罩扣在蜂窝的洞口上。这样胡蜂第二天就飞不出罩子，只能在罩子边缘的地下挖掘一条通道。

第二天，胡蜂们从地底下蜂拥而出，它们在透明的罩里胡乱地盘旋着。但是，没有一只用脚去刨钟形罩下面的土。这种逃跑方式超出了胡蜂的智力范围。

这时，几只在外面过夜的胡蜂回来了。它们在罩底掘地，回到了集中。之后，我用泥土把通道口封住，这个通道口或许可以作为它们的出口。

然而，我太高估它们了。整群的胡蜂依然束手无策。随着时间的推

①昆虫和人类完全不同，它们没有思考能力，它们的行为就是一些本能而已。

移，它们当中的很多都死去了。一个星期后，已经没有一只存活的了。

玻璃罩里的胡蜂知道如何进去，却不知道怎样出来。当它们从地洞里出来时，它们往亮处飞。它们在那透明的监狱里找到了光线，就满足了①。从外面回来的胡蜂从亮处飞向暗处。透过泥土对家的灵敏嗅觉和急于挖掘出家门的迫切愿望，是胡蜂与生俱来的能力。

我们把空气隔热层的杰出发明归功于胡蜂的创造，只是空气隔热层的发明出于如此不开化的脑袋，让人难以相信。这样的艺术应当有更加高深的渊源②。

在蜂窝奇异的内部世界里，幼蜂们生长着，昏睡着，倒立着接受喂养。

①作者用同情又略带嘲讽的口吻，描述了胡蜂愚蠢的具体体现，充满了感情色彩。
②最后一句话将人们的思考又引向另一高度。

118

出于喂养幼虫的需要，各层巢脾和巢盘之间都由空余的空间隔开，并由支柱固定着。蜂巢外壳与巢脾的立柱之间，有许多活动侧

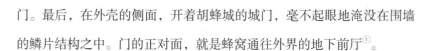

门。最后，在外壳的侧面，开着胡蜂城的城门，毫不起眼地淹没在围墙的鳞片结构之中。门的正对面，就是蜂窝通往外界的地下前厅①。

下层巢脾中的蜂房比上层的大，用于培育雌蜂与雄蜂，而上层蜂房供体形较小的无性工蜂使用。工蜂将蜂窝不断扩大，让它成为胡蜂城。接下来，建造更加宽敞的蜂房，给雄蜂和雌蜂用。根据数据分析，雌蜂约占总数的三分之一。

一个蜂窝里，有数以千计的蜂房。这里以我的一个统计表格为例②。

巢脾自上而下排序	直径（厘米）	蜂房数（个）
1	10	300
2	16	600
3	20	2000
4	24	2200
5	25	2300
6	26	1300
7	24	1200
8	23	1000
9	20	700
10	13	300
总计		11900

①细致介绍了蜂巢的结构和各部分的组成，层次分明。
②运用表格，使得表达更加清晰、明了。

这个表格所反映的只是约数。根据统计数据，一万间蜂房的蜂窝每年可产出三万多只胡蜂。当冬季到来后，这一大群胡蜂会怎样呢？

现在是十二月，已经有了霜冻，不过还不很严重。我发现了一只蜂窝。

在圆盆形的洞底，有不少胡蜂的尸体和奄奄一息的胡蜂。在露天洞口，同样堆积着大量的死胡蜂。它们是怎么到那里的呢？我觉着这是一种匆忙的葬礼。奄奄一息的家伙，腿脚还能动弹，却已被抓住一条腿，拖到陈尸场去了。寒冷的黑夜会将它送上西天。

在蜂窝里面和外面的墓地里，有三种胡蜂的尸体。其中工蜂最多，然后是雄蜂，死去的也有即将成为母亲的雌蜂。幸运的是，蜂窝还有不少蜂群，足以用来完成我的计划。我把蜂巢带回家，慢慢进行观察。

我研究的主要对象——雌蜂大约有一百只。整个蜂窝被置在一个罩着钟形金属网的大罐里，然后就是日复一日地注意里面发生的事。

冬季蜂窝里的蜂群数量减少的原因可能是饥饿和严寒吗？我们拭目以待。

装胡蜂的罐子在我温暖的房间里，那里足够温暖。还有蜂蜜和葡萄，因此蜂群的减员情况就不会是由饥荒引起的了。他们在里面吃饱喝足之后，在里面嬉戏玩耍，过得倒是很热闹①。

一个星期过去了，死亡开始侵袭整个蜂群。一只工蜂在阳光里，突然掉落下来，便一命呜呼了。

①在温暖的住所和充足的食物面前，胡蜂们显得很悠闲，与下文胡蜂的相继死去，形成了鲜明的对比。

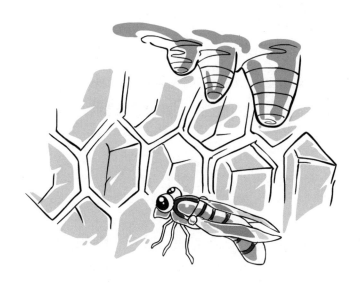

雌蜂也未能幸免。一只雌蜂仰面朝天，到了下午，它就归天了。

在蜂群当中，工蜂会猝死；晚出生的雌蜂有活力，能抵御一阵子冬天；只要雄蜂的任务还没有完成，它们也能坚持得不错；离死期不远的雌蜂变得懒于梳洗。两三天之后，满身尘垢的雌蜂步出蜂窝，很快便离开了这个世界。

时光荏苒，虽然蜂窝里气温适宜，食物充足，但到圣诞节前，罩子里只剩下十余只雌蜂了。一月六日，一个雪天，最后一只雌蜂也死了。

为什么我所有的胡蜂都死掉了呢？雄蜂消失，是因为它们完成了交配的使命；工蜂的死，我的猜测难以自圆其说，是因为春天再度来临时，新领地的建设需要它们；而对于雌蜂的死，我完全不理解。我的近一百只雌蜂，都死掉了。钟形罩的约束也并非它们的死因，因为在田野

时光荏苒（shí guāng rěn rǎn）：指时间渐渐过去。

里，同样的事情也在进行着。

那么，胡蜂死去的根本原因和具体原因是什么呢？只要有一只雌蜂就能保障整个种族的延续，为什么一个蜂窝里还需要这么多雌蜂呢？又为什么有这么多牺牲者？这些都是需要我们继续探索的。

20　胡蜂（下）

工蜂

角色：保姆
食物：蜂蜜
本领：照顾幼虫，利用旧蜂房建造蜂窝（进行翻新）
喂养方法：两张嘴一对，蜜汁就滴进幼儿嘴里

　　本章重点介绍了胡蜂的生活习性。首先是食物，胡蜂与其他蜜蜂一样，喜爱有甜味的食物，当它们同时面对蜂蜜和其他食物时，蜂蜜是其首选；胡蜂还是一种肉食昆虫，但是只有在没有甜味食物时，它们才肯接受肉食。其次是面对入侵者，胡蜂会毫不客气地将其逐出家外，甚至将其杀死。

现在让我们来谈一谈胡蜂们在冬季来临时所遭遇的艰难困苦吧。此时，工蜂们的生命遭遇到了威胁。它们对幼虫和蜂卵，展开了血腥的屠杀。

十月里，我把一些在窒息中幸存下来的蜂窝碎块放在钟形罩下。为了方便观察，我将巢脾逐层剥开，让开口朝上。我放了一片小木板，让它们建造蜂窝，并放了蜂蜜作为它们的食物。胡蜂们的地洞用扣着金属网罩的大瓦罐代替。此外还有一个用硬纸板做成的圆顶，我可以把它扣在网罩上，以便胡蜂们在黑暗中工作，也可以将它拿下来，以便我在光亮中观察胡蜂①。

做好这些之后，我发现，工蜂们既照顾幼虫，又建造蜂窝。它们并不是在重建，而只是在继续建造。比起原材料，它们更喜欢用被废弃的旧蜂房，它们懂得以旧翻新。

除了这些，幼虫的喂养更值得观察。工蜂们对幼虫的照顾无微不至！其中有一位保姆的嗉囊里盛满了蜜，两张嘴对上，蜜汁就滴进幼儿嘴里，喂完这一只，接着又去喂其他的②。

为了更进一步观察这种奇特的进食方式，我临时捉来几只强壮的胡蜂幼虫，把它们插进育婴房的纸套中。

①实验之前，"我"做了细致、充分的准备工作，这也充分说明了作者有着令人佩服的耐心和恒心。
②作者用拟人的修辞手法，来写工蜂对幼虫的精心照顾，给人鲜明深刻的印象。

无微不至（wú wēi bù zhì）：没有一个细微的地方没有考虑到，形容待人非常细心周到。

人们习惯用手指拍打要喂养的初生麻雀的尾羽，让它们张嘴接受喂食。我以为这种喂麻雀的方法同样适合于胡蜂。但是，我错了，它们不需要这种喂食方法，只要轻触它们的小窝，就万事大吉了。

我罩子里喂养的胡蜂幼虫头是朝上的，从它们嘴唇间流出的食物都积聚在它们临时凸出的"围嘴"上。但它们在蜂窝中被正常喂养的时候，头是朝下的。如果采取这种姿势，幼虫胸口凸出的肿块还有用处吗？对此我坚信不疑。

幼虫只需将头轻轻一扭，就能轻松地将一部分过于丰盛的食物盛进它凸起的围嘴。这个胸前的碗总能发挥作用，缩短了喂食的时间，让幼虫从容地进食，不用狼吞虎咽^①。

在罩子里，胡蜂以蜂蜜为食，当它们的嗉囊盛满了蜜之后，还会喂给幼虫们吃。我知道它们也经常吃野味。因此，我又加了一点野味——几只尾蛆蝇。但它们没有在蜂群里引起很大的反响。然而，当尾蛆蝇靠近蜂蜜时，胡蜂就会让它滚蛋；不慎踩到巢脾时，简直会要了它的小命。

对我的俘虏们而言，尾蛆蝇的肉丸子只不过是二流的食物。

① 采用比喻的修辞手法，把胡蜂幼虫装食物的器物比喻成碗，既形象又恰当，它的作用也就不难理解了。

狼吞虎咽（láng tūn hǔ yàn）：形容吃东西又猛又急。

马蜂那典型的蜂类体型和外衣也丝毫没有让胡蜂折服。如果马蜂冒险在巢脾上游荡，就足以引起胡蜂的勃然大怒，从而招来杀身之祸。熊蜂同样不受欢迎，只要闯入胡蜂家就没有好下场，即使不是故意闯入，也没有好下场。

胡蜂对外来者更加粗暴。我把一只三节叶蜂的幼虫放在胡蜂中间，一只胡蜂接着就把它咬得鲜血直流。其他胡蜂见状纷纷效仿，把它赶出了家门。

胡蜂的幼虫们受到严密的看护，食物充足，所以它们在罩子里蓬勃生长。但是，并不是所有的幼虫都这样，胡蜂窝里也有一些羸弱的幼虫夭折了。

保姆们发现了体弱多病的幼虫，便用触须为它诊断病情，并判定它已经无药可救。它们毫不留情地把它们拽出蜂房，拖出蜂窝。在胡蜂王国里，为了避免体弱这一种腐臭病的传染，应当尽快摆脱它。

任何体弱多病的幼虫都会被驱逐出去，成为蛆虫的食物。幼虫和蛹一旦离开了蜂房，也会被残忍地拉扯出去，开膛破肚，偶尔甚至会被吃掉。

这时，罩子里所有幼虫的表皮都很光滑，胖乎乎的，这表明它们很健康。^①随着十一月的第一场寒潮来临，工蜂们的工作速度明显慢了下来。幼虫们此时饿得直张嘴。保姆先是对幼虫漠不关心，后来又变成强烈的反感。随着饥荒步步逼近，幼虫们已经濒临死亡了。

工蜂们开始撕咬生长缓慢的幼虫，并把它们拽出蜂房、抛进坟场。

但是随着严寒的到来，工蜂们的死期也到了。十一月还没结束，我的罩子里已经一只活胡蜂也没有了。在地下，对晚熟幼虫的最后屠杀也是以这种方式展开的，只是规模更大。

随着恶劣气候的接近，胡蜂窝最终的崩溃时刻也到来了，成年胡蜂——雄蜂、雌蜂、工蜂，成千上百地死去，坟场里每天都会像天赐食物那样，落下大量的胡蜂尸体。

接着，食客们便来了。刚开始只是稍微吃一些，但从十一月底开始，地下洞穴的底部就成了客流涌动的旅馆，双翅目昆虫的蠕虫占据了绝大多数，它们是胡蜂窝的掘墓人。我在那里发现了大量蜂蚜蝇的幼虫和小蠕虫^②。

①看到此处对幼虫状态的描写，我们似乎看到了健康、生命力旺盛的幼虫，这与下文幼虫们濒临死亡的状态形成鲜明的对比。
②作者将双翅目昆虫看作是胡蜂窝的掘墓人，比喻形象贴切，体现出它们数量之多，行为之残忍。

蠕虫（rú chóng）：旧时指无脊椎动物的一大类，构造比腔肠动物复杂，身体长形，左右对称，质柔软，没有骨骼，没有脚。现已分别归入扁形动物门（如血吸虫、绦虫）、环形动物门（如蚯蚓、蛭）等。

所有的虫子都在努力地分解、肢解、掏空胡蜂的尸体，直到二月来临。它们打算在自己的外壳变得像小酒桶一样坚硬之前，将这成堆的食物全部吃光。

短鞘翅昆虫也会来光顾，我常看到长着红色鞘翅的隐翅虫。它不是暂时借宿，而是永久驻扎，因为成年隐翅虫将幼虫一同带来了。我也看到了鼠妇和属于赤马陆类的千足虫，它们都是一些以死尸的腐殖土为粮食的低级消费群。

我要特别提及一种典型的食虫小兽，那就是最小的哺乳动物——鼩鼱，它的体形极小。当蜂窝濒临崩溃时，胡蜂们因为危险到来，反而将一向好勇斗狠的脾气收敛了，于是鼩鼱就溜进了胡蜂的家。一对鼩鼱，就足以使成群的奄奄一息的胡蜂瞬间变成一堆残渣，然后，蛆虫会将这些残渣完全打扫干净。

此外，白色衣蛾和隐翅虫及二星毛皮蠹幼虫，一起蛀断了巢脾的地板，蜂窝终于散成碎片。只剩下一捧灰土，几片碎纸，这就是第二年春天，胡蜂城与它的三万名居民留下的能证明它们存在过的所有的证据。

21　黑腹狼蛛

主角：黑腹狼蛛
别称：纳博讷狼蛛
特征：肚子下面有黑色绒毛，腹
　　　部有棕色的人字形条纹，
　　　爪上有灰色和白色圆环
居住环境：干旱多石、太阳炙烤
　　　　　下百里香茂盛的地方

捕获方法：
有时用带小穗的麦秸
做诱饵，有时用活熊
蜂做诱饵。

狼蛛毒性：
昆虫只要被狼蛛咬住颈
部，就会立即死亡。若
是其他部位，最后也会
死亡，只是死亡的时间
不同而已。

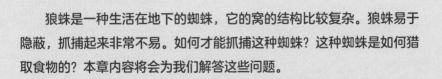

　　狼蛛是一种生活在地下的蜘蛛，它的窝的结构比较复杂。狼蛛易于隐蔽，抓捕起来非常不易。如何才能抓捕这种蜘蛛？这种蜘蛛是如何猎取食物的？本章内容将会为我们解答这些问题。

据说蜘蛛有毒，但大多数蜘蛛对人类的伤害都是微不足道的。

不过，有一些蜘蛛的确是有毒的，例如红带蜘蛛和球腹蛛。然而，在意大利，狼蛛在传闻中显得尤为可怕，凡是被它咬伤的人都会全身狂抖不止，有如癫痫。据说，想要治好"狼蛛病"，只能求助于唯一的良药——音乐。

现在我要谈的主题是：狼蛛的习性、它的埋伏方式、它的诡计、它杀死猎物的方式①。我要用朗德的学者莱昂·杜福尔谈的普通狼蛛以及他在西班牙观察到的卡拉布里亚狼蛛的生活习性作为开场白：

"狼蛛至少在成年后会住在自己挖掘的既狭窄又肮脏的地下坑道里。它们的陋室，既能躲避敌人的追捕，还能侦察猎物。它们的地下坑道起先是垂直的，然后有拐角，最后又变成垂直。

"坑道的洞口通常有一段管子，那是狼蛛自己用各种材料建造的，它既可以防止坑道塌方或变形，又可保持清洁，还便于狼蛛的爪子攀爬堡垒。

"坑道上并不一定都有这样的堡垒，但是它确实是存在的。蜘蛛建起它，既可以防止居室被洪水淹没，又可以用作陷阱，诱捕它的猎物。

"狼蛛的捕猎精彩有趣。我第一次发现这种蜘蛛洞穴，花了好几个小时，也没有见到狼蛛。

"于是我又用顶端长着小穗的麦秸冒充诱饵。狼蛛没有经住诱惑。我成功了。

①明确了本章重点讲述的内容，让人一目了然。语言简洁，思路清晰。

　　"有时，狼蛛会猜到这是圈套，这时我便用刀刃袭击狼蛛，同时挡住洞穴，这样我一小时最多能捉到十五六只狼蛛。

　　"然而，用麦秸小穗做诱饵经常会被识破而毫无作用。

　　"巴格利维的报告中谈到：农民捕捉狼蛛时，也是拿一根麦秸在狼蛛的洞口模仿昆虫的嗡嗡叫声。他说：

　　"'农民要捕捉狼蛛时，拿一根细麦秸模仿蜂鸣声，凶恶的狼蛛以为来了猎物，便从洞里跳了出来，被设下陷阱的农民逮个正着。'

　　"狼蛛是很容易被驯服的。我在西班牙巴伦西亚时，把一只雄性狼蛛关进玻璃瓶，给它足够的食物，因此，它很快就适应了囚居生活。

　　"用餐完毕，它会梳洗。而且大部分蜘蛛白天和黑夜都能看得见东西。

　　"后来狼蛛蜕皮了。再后来，我离开了很长时间，也就不知它的命运怎样了。

　　"一天，我挑选了两只强壮的成年雄性狼蛛，看它们殊死搏斗。起初，它们企图逃跑；不久，它们便摆出了角斗的架势。它们拉开距离，用后腿支撑起身体，对峙了两分钟；然后，它们同时扑向对方，腿脚缠绕在一起，打得难解难分①。它们休息片刻之后，又再次开战，而且战斗更加激烈。一会儿，终于有一位被击败，成了胜利者的食物，而获胜的那只狼蛛被我养了好几个星期才死去。"

　　我们这里没有朗德学者讲的蜘蛛，只有黑腹狼蛛，或者叫纳博讷狼蛛。黑腹狼蛛的身材只有前者的一半大，肚子下面装饰着黑色绒毛，腹部有棕色的人字形条纹，爪上画着灰色和白色的圆环。它们理想的住所是干旱多石、在太阳炙烤下百里香茂盛的地方。在我的荒石园实验室里，有二十多个黑腹狼蛛的地洞。

　　我家门外几百步开外的邻近高地上是狼蛛的乐园，我可以轻松地在那里找到上百个狼蛛窝。

　　狼蛛窝都是些深约一尺的井，井口用稻草或者细枝或者石子围

---

①用"对峙""扑""缠"等表示神态和动作的词形象地写出了打斗时的精彩场面。

对峙（duì zhì）：相对而立。
难解难分（nán jiě nán fēn）：双方相持不下，难以分出胜负。

成。建筑材料不同，工程时间也就不同，建成的防御围墙也不同。

我用巴格利维说的捕捉狼蛛的方法捕捉，可是没有成功。然而，另外两个办法获得了成功。第一种：我把麦秸尽可能深地插入狼蛛窝里，然后我晃动诱饵，狼蛛将小穗咬住，被我拉了上来，放到了锥形纸袋里。第二种：我把一只活熊蜂装进一个细颈小瓶作为诱饵，捉住了狼蛛。

狼蛛遇到胡蜂、蝗虫等猎物时，靠的是速度，以迅雷不及掩耳之势击倒了对手。

大家知道，熊蜂的战斗力也是非常强的，可为什么每次总是丧命呢？而狼蛛又为什么总是以惊人的速度获胜呢？应该是狼蛛所咬中的部位相当致命。这个部位在哪儿呢？

我把熊蜂和狼蛛放进一根试管。如果熊蜂在试管底部，它就用腿脚将狼蛛顶开。狼蛛则在光滑的管壁上微微爬起，尽量远离对手。它在那里纹丝不动，静观局面的发展，而这局面很快就会被好动的熊蜂搅乱。如果熊蜂在上面，狼蛛就护住身体，与对手保持一定距离。总之，除了它们发生接触时会有一点小小的混战，其他也没什么了。这说明，狼蛛离了自己的窝，就变得没有战斗力了。

所以，我必须到狼蛛窝的现场去观察，才可能有所得。这次我换了一只战斗力超强的紫木蜂。

迅雷不及掩耳（xùn léi bù jí yǎn ěr）：比喻动作或事件突然而来，使人来不及防备。

133

我把装有紫木蜂的瓶子翻过来，卡在一个被选中的狼蛛的洞口。紫木蜂在瓶里嗡嗡地叫着；猎手从地洞深处上来了，可是它只是在洞口，一动不动地看着，半小时过去了，什么也没发生。狼蛛返回洞里去了。我又来到第二个洞，第三、第四个洞，都是同样的结局。

我没有灰心，耐心地等待着。终于，一只狼蛛突然从洞里跳了出来，用獠牙咬在紫木蜂脖子根部的颈背上，使紫木蜂立即丧命。我又接着做了几个实验。结果，有两只狼蛛在我的眼皮底下仍然是咬住了猎物的颈背，使猎物即刻死去[①]。

这会我明白了：狼蛛是不折不扣的"刺颈师"。现在，我要在书房里继续实验，证明我通过野外实验得出的结论。我为狼蛛设立了一个养殖园，以测试它毒液的毒性，以及獠牙咬在昆虫不同部位上所产生的效果。我抓了一些狼蛛，把它们单独装在十几个瓶子和试管里。狼蛛对送到獠牙边的对手，会毫不犹豫地张嘴便咬。我首先用紫木蜂试验蜇伤的效果。如果刺中颈部，紫木蜂会立即死亡。如果被刺中腹部，半个小时之内，紫木蜂也会死去。

这项实验说明，如果强壮的膜翅目昆虫被刺中脑部，就会当场死亡。但如果被刺中的是其他部位，猎物就还能用螯针、大颚或是腿脚进行反击。一旦螯针刺中狼蛛，二十四小时内会一命呜呼。所以，对于危险的猎物，必须让它立刻毙命，否则，猎手很可能会搭上自己的性命。

实验的第二组对象是绿蝈蝈儿、肥头大耳的螽斯、距螽等直翅目昆

[①]作者的坚持又一次得到了回报。他观察到了狼蛛捕捉猎物时那惊心动魄的场面。

虫。它们被咬中颈部后的结果都一样，都会立即死亡。但如果被咬中其他部位，它们还能坚持相当长一段时间，甚至是一天，而膜翅目昆虫不到半小时就会毙命。因此，我们得出：只要昆虫被狼蛛咬中颈部，就会立即死亡；如果被咬中的是其他部位，它也会死，只是死亡的时间因昆虫种类的不同而长短不一。

现在，我们明白了当初在狼蛛的洞口放上美味却危险的猎物时，狼蛛犹豫这么长时间的原因了，它们是在等待有利时机，使其立即毙命。

根据以前的经验，我用一根细钢针，把很小一滴氨水注入紫木蜂或者蝈蝈儿的脑袋根部，这虫子就立刻死了。可是这种液体致命效力无法与狼蛛的毒液相比。我让狼蛛在一只小麻雀的一条腿上咬了一口，麻雀这条腿立刻就抬不起来了。不过，它照旧进食。看样子没什么大问题。

十二个小时后，它吃饭的欲望更强了。可那条腿仍然动不了。第三天，小鸟拒绝进食，它的羽毛蓬松，身体蜷成一个球，并且不断痉挛，很快就死了①。

对于小麻雀的死亡，家人用目光给了我无声的责备，我感觉他们在谴责我的残酷，于是我也良心难安了。

但是，我还是鼓起勇气继续我的实验。我把一只鼹鼠关进了一个宽敞的容器里，并喂以各种各样的昆虫，使它能够在容器里快乐地生活。

我让狼蛛在它的嘴角咬了一口。第二天晚上，它开始拒绝进食，大约三十六个小时后，鼹鼠死了。

因此，黑腹狼蛛的蜇咬对于昆虫和其他动物都是可怕的。所以对于人类来说，黑腹狼蛛的蜇伤也不是无关紧要的意外。

研究昆虫，我要让大家了解到黑腹狼蛛猎杀者们的麻醉技能足以与

①作者用比狼蛛体型大数倍的小麻雀来验证狼蛛毒液的毒性，由此可见狼蛛毒液毒性非常大。

技艺高超的麻醉师相媲美，但猎杀者们和麻醉师们的目的和具体操作有所区别。要彻底杀死猎物，使之猝死，只要直接蜇刺颈部，伤害脑神经即可；倘若只是控制猎物，使之无法动弹，则蜇刺颈部以下部分即可。而狼蛛就是猎杀者，不是麻醉师。

这些猎杀者，它们的本领是后天习得的，那么它们是如何传授这些技能，又是如何练就的呢？我对此百思莫解。您可以尽您所愿地用理论的云雾来包裹这些事实，但您却永远掩盖不住它们属于某个预定法则的有力的断言。

知 识 链 接

法布尔的小故事

　　法布尔对昆虫的热爱到了如痴如醉的境界。有一次他看到一只没有见过的小虫子，左手抓了一只，右手抓了一只，这时又来了一只，法布尔就把右手的虫子放到嘴巴里含着，又用右手抓虫子。此时，不管虫子在嘴巴里怎么挣扎、放毒汁，法布尔就是不放弃，结果法布尔中毒了，舌头变得肿大，一个月后才恢复。他这种为科学献身的精神非常值得我们尊敬。

22　彩带圆网蛛

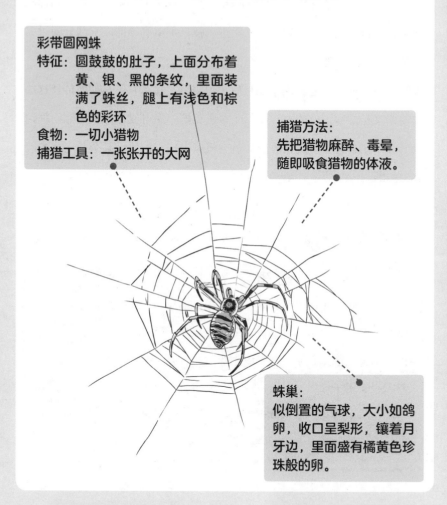

彩带圆网蛛
特征：圆鼓鼓的肚子，上面分布着
　　　黄、银、黑的条纹，里面装
　　　满了蛛丝，腿上有浅色和棕
　　　色的彩环
食物：一切小猎物
捕猎工具：一张张开的大网

捕猎方法：
先把猎物麻醉、毒晕，
随即吸食猎物的体液。

蛛巢：
似倒置的气球，大小如鸽
卵，收口呈梨形，镶着月
牙边，里面盛有橘黄色珍
珠般的卵。

　　彩带圆网蛛被誉为"神奇的建筑师"，它的蛛巢结构复杂，造型完美，建造能力实非人类所能比拟，文章的字里行间流露出作者的赞美之情。最后通过将攀雀和彩带圆网蛛作对比，得出结论：从作为母亲这一方面来看，后者远远不能与前者相比，这是由它们的本能决定的。

彩带圆网蛛的肚子有榛果那么大，里面装满了蛛丝，肚子上相间地分布着黄、银、黑三色条纹，因此，它有了"彩带圆网蛛"这个美名。圆鼓鼓的肚子的四周，长着八条长腿，腿上有着浅色和棕色的彩环。翱翔的蚊蝇，翩翩起舞的蜻蜓，一切小猎物都是它的食物。从外表和花纹来看，彩带圆网蛛应该是法国南部最美丽的蜘蛛目动物[1]。

只要有合适的结网支点，彩带圆网蛛就会结网捕食一切小猎物。它的捕猎工具是一张垂直张开的大网，网的周长根据地点而定，四周有许多条缆丝连在附近的小树枝上，网的规模和图案都很令人叹为观止。

在蛛网的下部，由中心点垂下一根不透明的宽带，弯弯曲曲地穿过辐射线，这是彩带圆网蛛所织的网的标记。那根弯曲强韧的宽带是为了让蛛网更加牢固，而非多此一举。当或大或小的猎物奔来时，彩带圆网蛛都会背对猎物，同时启动所有的喷壶花洒状吐丝器。它用较长的后肢接住吐出的蛛丝，并将后肢充分张开呈拱形，以便让蛛丝射出。通过这些动作，彩带圆网蛛迅速地织出网，并用它将猎物反复翻

---

[1]介绍彩带圆网蛛的外形及名字的由来。

翱翔（áo xiáng）：在空中回旋地飞。
翩翩起舞（piān piān qǐ wǔ）：形容轻快地跳舞。
叹为观止（tàn wéi guān zhǐ）：赞美看到的事物好到极点。

滚，以从各方面将它裹得严严实实，不让它们逃之夭夭。

彩带圆网蛛可以用蛛丝缠绕猎物。如果第一次吐出的丝不够用，紧接着还可以来第二次、第三次，一次又一次，直至它的蛛丝储备用尽为止。

当白色的裹尸布里不再有动静了，蜘蛛这才接近被捆住的猎物。用毒牙轻轻咬一下猎物，等猎物因毒素的作用而虚弱，最终纹丝不动时，它开始吮吸，并多次更换下手的部位，直到将其吸干，只剩下一具残骸。

死后的猎物体液停止流动，不易于吸出，所以，吸食血液的彩带圆网蛛对自己叮咬时释放的毒液量有所保留，并不把它杀死，只是把它毒昏。一经麻醉，立刻将它们的体液吸食殆尽，甚至在对付那些体形巨大的猎物时也是这样。

有一次，我往圆网蛛的网上放一个体形硕大的螳螂，来观察蜘蛛是如何对付这个身材魁梧的庞然大物的。

终于，它出动了。螳螂腹部卷起，双翅高翘如竖直的风帆，并张开布满锯齿的双臂。总之，它摆出了幽灵般的架势，严阵以待。

蜘蛛对这些威胁视若无睹。它用遍布全身的吐丝器吐出成片的蛛丝，再由后肢交替环抱、拉伸、张大并大量抛出。在这样猛烈的丝雨之下，螳螂那恐怖的锯齿、锋利的前足旋即不见了，仍然如幽灵般高高翘起的双翅也一并消失了。

魁梧（kuí wu）：身体强壮高大。
严阵以待（yán zhèn yǐ dài）：摆好严整的阵势，等待来犯的敌人。

然而被困的螳螂猛跳了几次，将蜘蛛震出网外。蜘蛛吐出一根丝悬在半空当中，来回摆动，一会升回到网里。这时，螳螂圆滚滚的肚子与后肢都被结结实实地捆住了。蜘蛛的蛛液也已经用尽，只能吐出稀薄的蛛丝来。幸运的是，战斗已经结束了，猎物在厚厚的裹尸布下，已看不见踪影，回到网中心小歇片刻之后，蜘蛛开始入席就餐，我用了整整十个小时观察这个吃不饱的家伙①。

在生儿育女这方面，彩带圆网蛛更是才华横溢，甚至超过了它的捕猎艺术。彩带圆网蛛用来盛放蛛卵的丝袋，或者叫蛛巢，更是一件艺术品。它形态如一只倒置的气球，大小如鸽卵。丝袋的上端逐渐收口呈梨形，开口处齐平，镶着月牙边，从每一个月牙的交角处延伸出缆丝，将其固定在四周的小树枝上。丝袋的其余部分呈优雅的卵形，垂直悬挂在几根起稳固作用的丝线中间。

丝袋顶端凹陷似火山口，上面覆盖着蛛丝毡子。其他部分是一整个外壳，由一种缎状物制成，洁白、厚实、密集、难以扯破而且防潮。

①以上两段文字详细地描写了两者激烈的搏斗场面。

才华横溢（cái huá héng yì）：指才华充分显露出来。

棕色甚至黑色的蛛丝被织成宽带状、纺锤状，或是任意子午线状，装饰在丝袋球体的顶端外部。

在这羽绒褥子中间，悬着一个桶形小包，下端浑圆，上端平直，由一片丝毡封口。小包由极其细腻的缎状物织成，里面盛有橘黄色珍珠般的美丽蛛卵，它们相互黏在一起，形成一个大小类似于豌豆的球体。这就是蛛丝褥子要保护抵御严冬的珍宝。

彩带圆网蛛做蛛巢也是那么合理。蜘蛛缓缓地绕圈前进，肚子末端摇摆着，时而向左，时而向右，时而翘高，时而放低。它放出的是单线，它用后肢牵伸着蛛丝，将其粘到已经搭好的脚手架上。这样，一个缎状物织成的盆就逐渐成形了，它的边缘慢慢升高，最后形成一个高约1厘米的袋子，袋子的织物特别轻软。为了把袋子绷紧，尤其是在收口处，蜘蛛用一些缆丝将它与附近的其他蛛丝相连。

接着，吐丝器休息片刻，轮到卵巢开始工作。蜘蛛一口气接连不断地排出蛛卵，蛛卵落入袋中。袋子的容量计算得恰到好处，既能容纳所有的卵，又没有多余的空间。蜘蛛排完卵退下后，我隐约瞥见了那一堆橘黄色的卵，紧接着，吐丝器又开始工作了。工作的内容是给袋子封口，然后做抵御严寒的羽绒褥子，直到气球成形。接着，洁白的蛛丝重新出现，编织外壳的时候到了，这项工作耗时最多。

就这样，蛛丝规则地曲折分布着，精确得类似于几何图形，简直可以与丝厂机器绕出的漂亮棉线团相媲美。这样的工序在整个丝袋的表面

瞥见（piē jiàn）：一眼看见。

反复进行，因为蜘蛛每时每刻都在不停地移动[1]。

　　蛛巢完成后，蜘蛛看也不看一眼这卵袋，就缓步离开了。余下的事情不再和它相干，时间和阳光会代替它去做。此时，它织好一顶帐篷，在那里静静等待自己的死期。

　　在编织捕猎大网的技艺方面，圆网丝蛛胜过彩带圆网蛛，但在筑巢方面它却不及后者高明。圆网蛛制作卵囊的过程复杂而有序，并且成品十分精美，精湛的技术甚至让人觉得不可思议。

　　我把三两只圆网蛛放在同一个网罩里，在平时，它们之间没有任何

①详细地介绍了蜘蛛制作蛛巢的过程，字里行间流露着法布尔对这项伟大工程的赞美。

精湛（jīng zhàn）：精彩。

事情发生。但是，当产卵期到来时，住所狭窄的空间让它们织出了混乱的丝网。更严重的是，当受到干扰时，这些圆网蛛完全有可能不把卵产在卵袋里，却仍然把没有卵的卵袋保护得完美如初，甚至在光秃秃的网格上织出完全没有用的垫子。这可能是它的本能所致。而攀雀虽然只能搭建一个简陋的袜底状鸟巢，但攀雀作为母亲却是更尽心尽责的。它会一连几周蹲在自己的卵袋底部，将卵贴在心窝上，用自己的体温去孵化小攀雀鸟。圆网蛛却把巢的未来丢给了不可预知的命运，连看都不再多看一眼。

从这一点来看，虽然彩带圆网蛛的筑巢本领高强，不随心所欲，非常科学，但是从作为母亲这一方面来看，是远远不及攀雀的[①]。

攀雀筑巢

攀雀有高超的攀缘技巧，自己在筑巢时应用得娴熟快捷。不过眨眼的工夫，它就在枝子上转了好几圈，将衔来的羊毛紧紧地缠裹在树枝上，而后缠绕在两根粗粗的树杈间，依稀拉起丝丝缕缕的纤维，然后继续在树枝上"翻单杠"般缠绕，两根树枝间丝丝缕缕的纤维便慢慢扩展为一条"钢索"。

---

①通过对攀雀和彩带圆网蛛的筑巢本领和对待卵的方式的比较，说明后者筑巢和作为母亲的行为都是出于本能。

23　蟹蛛

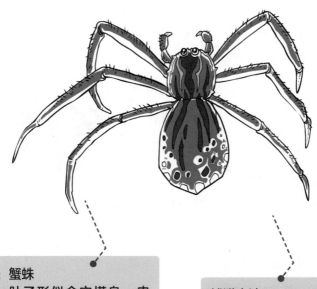

主角：蟹蛛
特征：肚子形似金字塔身，皮
　　　　肤柔滑，横着走路，前
　　　　足比后足更有力
居住环境：喜欢在高空建巢，
　　　　喜欢在自己熟悉的
　　　　地方产卵
捕食对象：家蜂

捕猎方法：
不打绳套，不结网，
躲在花丛里，等猎物
一出现，立马咬住猎
物的颈背。

　　本章讲述了蟹蛛名字的由来、猎食过程以及蛛巢特点等。另外还提
到了蟹蛛一个比较独特的特点：在它的后代孵化出来之前，雌蟹蛛要不
吃不喝守候五六个星期，直到孩子出生，随后干瘪地死去，这体现了母
爱的伟大。

　　蟹蛛，有蜘蛛类与甲壳类动物的相同特征。它像螃蟹一样横着行走，前足比后足更加有力。不仅如此，蟹蛛的前足只比螃蟹少了那对作拳击状的坚硬如铁的护手甲。它特别喜欢捕猎家蜂。在捕猎时，它既不打绳套，也不结网，只埋伏在花丛中等着，猎物一出现，它就熟练地一口咬住猎物的颈背，将它制服①。

　　蜜蜂来了，它心平气和地打算采蜜。它用舌头在花丛中试探，并选择了一个资源丰厚的采取点。不一会儿，它就沉迷在采蜜的工作中了。当它在篮子里装满了蜜，将嗉囊胀得鼓鼓的时候，潜藏在花下窥伺的强盗——蟹蛛，便从隐藏之处现身了。它转到忙碌的蜜蜂身后，偷偷地接近它，然后猛冲上去突然咬住它的后脑。蜜蜂抗斗着，螯针一阵乱刺，不过都无济于事，攻击者一点也不松手。没多久，可怜的小蜜蜂便蹬着腿脚死去了。这时，凶手便舒舒服服地吸起受害者的血来，吸完后，它不屑一顾地将干枯的尸体丢到一边，然后它又重新潜伏起来，等待时机，屠杀另一名采蜜者②。

　　①介绍蟹蛛名字的由来和它的食物。
　　②用幽默而又充满文学性的语言写出了蜜蜂的轻松的采蜜工作和它所面临的危险，以及蟹蛛捕获蜜蜂的详细过程。

　　无济于事（wú jì yú shì）：对于事情没有什么帮助；对于解决问题没有什么作用。
　　不屑一顾（bù xiè yī gù）：不值得一看，表示轻视、看不起。

对于蟹蛛攻击蜜蜂，我总义愤填膺，觉得勤勤恳恳的劳动者不应该成为游手好闲者的午餐，美好的生命不应牺牲在猖獗的掠夺之中。

可是有时候，凶狠的吸血者竟然会变成为家庭献身的模范。蟹蛛就是一个典例。

蟹蛛害怕寒冷，比较喜欢岩蔷薇，并在那里捕食蜜蜂。

话说回来，扼杀蜜蜂的杀手是一只漂亮，应该说是很漂亮的动物，虽然它那臃肿的肚子形似金字塔身，而且底部的左右两侧都长着驼峰形的凸起。蟹蛛们的皮肤看上去比缎子更柔滑，有些是奶白色，有些是柠檬黄色。有一些优雅的蟹蛛还在腿脚上戴着许多粉色的镯子，在脊背上装饰着鲜红的涡旋状纹路。有时，它们的前胸两侧还缀着一条纤细的浅绿色丝带①。

蟹蛛喜欢在高空建巢，它在自己熟悉的捕猎场所——岩蔷薇树上选择了一根长得很高，而且因酷热而干枯的树枝，树枝上面还吊着几片已经蜷曲成小窝棚的枯叶。蟹蛛就在这里安家筑巢，准备产卵。

蟹蛛就像一只装满蛛丝的活梭子，轻轻地朝各个方向摆动着，上下穿梭，编织出一只袋子来，袋子的侧壁和四周的枯叶合为一体。这个巢无论是可看到的部分，还是被支撑物遮盖住的部分，都是纯白而不透明的。巢穴处在相近树叶的夹角中间，呈圆锥形，让人想到彩带圆网蛛的

①作者使用了拟人的修辞手法对蟹蛛的外貌进行了细致的描写，表现了作者丰富的想象力。

义愤填膺（yì fèn tián yīng）：胸中充满义愤。
猖獗（chāng jué）：凶猛而放肆。
臃肿（yōng zhǒng）：过度肥胖或衣服穿得过多过厚而显得肥胖，转动不灵。

巢，只不过体积比后者更小些①。

蟹蛛把卵产进去之后，就用同样的白色蛛丝织出一个盖子，将卵袋开口处密封起来。最后，再在巢的上方拉出几根蛛丝，这薄薄的帘子就被用来做床顶，同时也与那些叶子的拱顶围出一个凹室，作为母亲的住处。这个地方不仅供蟹蛛产后恢复，同时它还是一个掩护体，起着监测危险的作用，母亲在那里坚守着。当有危险的时候，蟹蛛会发起攻击，保护自己的卵。

五月底，产卵的工作结束了。接着，蟹蛛母亲便平趴在巢穴的顶上，日夜坚守着，再也不离开自己的掩体了。看到它如此消瘦、满身皱纹，我以为它此时会想吃东西，但是，我错了。它不吃不喝，一直守着

①形象地描述了蟹蛛织网的过程和网的形状。

自己的孩子。卵袋的料子又厚又结实，袋中年幼体弱的小蜘蛛是不可能将它扯破的。因此，这位母亲形容枯槁地坚持活了五六个星期，就为了用最后一口气帮孩子们咬开出去的大门。这项任务完成之后，它便任由自己慢慢死去，贴在巢中，成了干瘪的枯骨①。

七月一到，小蜘蛛们就出来了。我准备了一束小树枝，这些小东西聚集在这上面，似乎想要离开。后来，它们走了，身后留下了一道清晰可见的蛛丝的痕迹。也许明年的春天，我还会在蜜蜂采蜜时见到它们。

---

①歌颂了蜘蛛这位母亲的伟大。

形容枯槁（xíng róng kū gǎo）：形体容貌憔悴不堪。

24　迷宫蛛

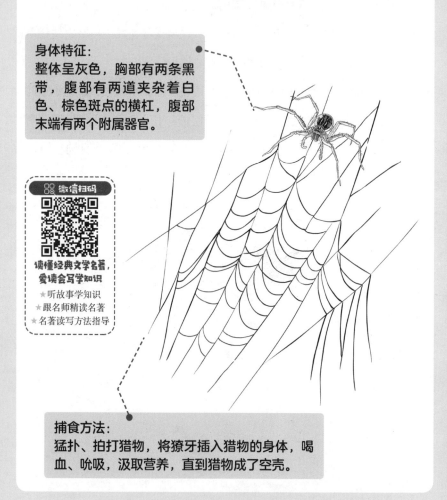

身体特征：
整体呈灰色，胸部有两条黑带，腹部有两道夹杂着白色、棕色斑点的横杠，腹部末端有两个附属器官。

捕食方法：
猛扑、拍打猎物，将獠牙插入猎物的身体，喝血、吮吸，汲取营养，直到猎物成了空壳。

　　本章介绍了迷宫蛛的居住场所和它的蛛网的特点，以及迷宫蛛名字的由来，还介绍了迷宫蛛的进食过程和它哺育后代的方式等内容。

走遍周围的田野，我所见到的最普通的蜘蛛，便是迷宫蛛。七月的清晨，光彩鲜明的珠光随着露珠的蒸发而消失，我开始观察蛛网。蛛网的周边比较平坦，但越往中间，蛛网就逐渐凹陷，形成火山口似的圆洼。蛛网的中间是一个圆锥形的深坑，像个颈部渐渐变窄的漏斗，约有一虎口深。

蜘蛛就在那阴暗危险的管口处，它看着我们，对我们的到来丝毫不感到惊讶。它是灰色的，胸部简单地装饰了两条黑带，腹部也有两道横杠，横杠上夹杂着白色和棕色的斑点。腹部末端有两个小小的、会活动的附属器官，就像尾巴一样，这是蜘蛛身上一个奇特的细节。

这个火山口形状的蛛网采用的是不同的编织方法。它的边缘是由稀疏的丝线织成的纱网；往中间渐渐成了轻柔的细纱，然后又变成了绸缎；在远处坡度很陡的地方，它是略微呈菱形的格状网；最后，在蜘蛛通常停留的漏斗的颈部，则是一块结实的塔夫绸。

长长的漏斗颈到了底部是敞开的，那儿有一扇始终开着的暗门，蜘蛛在受到追捕时能通过这扇门逃遁，穿过荆棘，来到旷野。

我抓住荆棘丛的底部，蛛网的漏斗就插在这荆棘丛中，这样蜘蛛就被抓住了。

准确地说，那个火山口形状的蛛网不算是一个陷阱。让我们看看蛛网上面吧。那简直是绳索交织的密林！就像是被风暴袭击后无法控制的船只上的绳索。这些绳索从每一根支撑它的小树枝出发，和每一根枝杈

逃遁（táo dùn）：逃跑，逃避。

的顶部相连。它们有的长，有的短，有的垂直，有的倾斜，有的笔直，有的弯曲，有的紧绷，有的疏松。所有绳索都交错缠绕，混乱得理不清头绪，向上一直延伸到大约两个手臂的高度，像一个谁也无法穿越的迷宫①。

迷宫蛛的丝没有黏性，它们只是通过大量的交错来捕捉猎物。当蝗虫掉到网上，会失去平衡，它拼命挣扎，绊脚的绳索却越缠越紧，最终掉到蛛网上来。此时，迷宫蛛会扑过去，拍打着猎物，将獠牙插入后者的身体。下口的部位通常是大腿根部，也许是这里的肉味特别好。

一旦迷宫蛛将獠牙插入蝗虫的身体便不会松口，它要喝血、吮吸，汲取营养。当第一个伤口被吸干后，它就换一个地方，特别是另一

---

①用充满文学性的语言，介绍了迷宫蛛的蛛网的特点——绳索交织，这一特点也正是迷宫蛛得名的原因。

汲取（jí qǔ）：吸取。

条大腿，到最后，猎物就成了一个空壳①。

　　迷宫蛛的网看似杂乱无章，但它的建造者和其他人一样，还是有自己的审美原则的。通常被视作蜘蛛母亲杰作的卵窝，则向我们充分地展示这一点。

　　当产卵期来临时，迷宫蛛就会搬家，它们会放弃自己那还很结实的网，再也不回去。当我努力发现它们的新家时，它们只是由粗糙的枯叶夹着丝线，杂乱地混合而成。在这个简朴的外壳里面，有一个装卵的细布袋，整个卵窝破烂不堪。

①详细地介绍迷宫蛛猎取食物的情景。描写生动形象，使人如身临其境。

杂乱无章（zá luàn wú zhāng）：形容很乱，没有条理。

八月中旬，当产卵期来临时，我把六只迷宫蛛分别放进铺着沙土的瓦罐里，罩上钟形金属罩。罩子中央插着一根百里香的枝条，用来充作建筑卵窝的支点，四周的金属纱网也可以作同样的用途。我每天都会提供一些蝗虫作为食物。

刚到八月底，我就得到了六个卵窝，个个都形状优美，雪白光亮。卵窝呈椭圆形，用精致的白色细纹布织成，卵窝的大小和一只鸡蛋差不多。小房间的两头都开着口，前端的开口延伸成一条宽阔的长廊，后端的开口则变得细长，形成漏斗颈。此时迷宫蛛会到外面来吃蝗虫，免得让尸体玷污了里面洁白的殿堂。

迷宫蛛卵窝的结构，和它在捕猎期的住所的结构不无相似之处。不过，这丝织的宫殿其实只不过是一个哨所。里面有放卵的圣盒，蜘蛛母亲在内院里来回闲逛，关注着卵袋里的动静①。

至于为什么要到远处另建新居，我猜测是因为它们害怕居心叵测的敌人蜂拥而至并掠夺卵袋，所以，它在住所之外选择了一个隐蔽处，远离显眼的蛛网。它们理想的场所是那些枝叶垂落到地面的矮灌木丛。

与其他蜘蛛不同的是，迷宫蛛像蟹蛛那样，守护着那些卵，直到它们孵化。蜘蛛母亲兢兢业业地守护着卵袋，但这并没有使它忘记食物。

一个月过去了，九月中旬，小蜘蛛孵化了，但它们并没有离开那个

①通过描写迷宫蛛守护卵时的情态，表明这个蜘蛛妈妈警惕性很强，同时也说明迷宫蛛作为母亲对后代的保护十分尽职。

玷污（diàn wū）：弄脏，使有污点。
居心叵测（jū xīn pǒ cè）：指存心险恶，不可推测。

袋子，它们要在那条柔软的棉被里度过冬天。母亲继续守护着，不停地吐丝编织，但它的活力却一天不如一天。它吸食蝗虫的间隔时间越来越长，有时甚至对我扔进罗网的食物不屑一顾。这种绝食的情况越来越严重，表明它在逐渐衰弱，它纺织的工作速度日见缓慢，最后终于停止了。

又过了四五个星期，蜘蛛母亲迈着缓慢的步伐，不停地巡视着，幸福地聆听着新生儿在卵袋里的骚动。终于，十月结束的时候，它抓着蛛丝卵袋，面容枯槁地死了[①]。

为了了解到全部的情况，十二月底，我们开始了野外的搜寻。我们找到了好几个蜘蛛窝，发现当迷宫蛛在野外建造自己的"宫殿"时，会在两层绸缎之间，用很多沙砾和少量蛛丝建起一堵墙，围住它的卵。当然，这些材料必须近在咫尺，唾手可得，否则，迷宫蛛便会放弃这道工序。

①运用拟人的修辞手法，形象地写出迷宫蛛妈妈成功地完成了自己的使命，最后献出了自己的生命。

　　我们是否就可以证明动物的本能是在不断地变化呢？是进化或是在退化，我现在还没得出结论。迷宫蛛仅仅告诉我们：动物本能所拥有的资源，可以被发挥出来，也可以永远只作为潜能而存在，究竟如何，要视当时的外部条件而定。

读懂经典文学名著，爱读会写学知识

微信扫描目录页二维码，获取线上服务

25　克罗多蛛

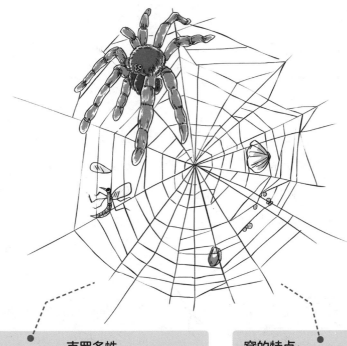

克罗多蛛
特征：腿短，身着深色外衣，背上有
　　　五枚黄色徽章
捕食时间：深夜
居住环境：有橄榄树并被太阳炙烤的
　　　　　山坡上，屋内一尘不染，
　　　　　屋外垃圾遍地

窝的特点：
形如倒置穹顶，半个
橘子大小，表面镶嵌
着一些小贝壳、小土
块和干枯的昆虫；边
缘有十二个凸角，都
固定石块上。

　　本章首先介绍了克罗多蛛的名称由来，接着介绍了克罗多蛛的住所
和哺育后代的情况。最后，对小克罗多蛛的进食"谜题"提出了多方面
的猜想。

克罗多蛛全名叫克罗多·德·杜朗蜘蛛，起这个名字是为了纪念最早使人们注意这种蜘蛛的人之一——德·杜朗先生。若想要雕刻一块能永垂不朽的墓志铭，没有什么墓碑比金龟子的鞘翅、蜗牛的壳、蜘蛛的网更能永垂不朽的了。而前面加上"克罗多"则是因为克罗多原本是一位纺织女神，编织着人类命运的纺锤就握在她的手里，不过她对丝线非常吝啬。而在博物学家眼里，克罗多蛛首先是一位天才的纺织女，两者的相似才使它得到了那位掌管纺锤的恶魔女神的名字①。

在橄榄树的故乡，在被太阳烤焦的多石山坡上，如果幸运之神对我们的坚韧不拔报以微笑，那么我们就会看见，在翻起的石头下方，粘着一个外表粗糙的窝，形状像一个倒置的弯顶，有半个橘子那么大。窝的表面镶嵌或悬挂着一些小贝壳、小土块，特别是一些干枯了的昆虫。

穹顶的边缘有十二个凸角，呈辐射状散开，凸角的尖端固定在石块上。在这些悬索之间，是同样数目的倒置大圆拱。整个窝既像是一座骆驼毛造的房子，又像是伊斯玛依人的帐篷，只不过是倒置的。悬索之间是扁平的屋顶，从上

①介绍克罗多·德·杜朗蜘蛛名字的由来。

吝啬（lìn sè）：过分爱惜自己的财物，当用不用或当给的舍不得给。

面将整个建筑盖住①。

　　克罗多蛛窝的进口很隐蔽，不容易发现。在它出去时，圆拱的边缘会分成两瓣，这就是门。克罗多蛛回家后，常常会把门锁上，也就是用一些蛛丝把两扇门合拢并固定住。这样做，是为了不容易被敌人找到。

　　克罗多蛛的居家生活很舒适，远胜过蠨蛛。据说古代有一个骄奢淫逸的人，只因床上有一片玫瑰的叶子，就被硌得无法入眠。克罗多蛛跟他一样挑剔。它的床比天鹅绒还要柔软，比孕育着夏天暴雨的云团还要洁白。它是完美的双面绒，床的上面是一个同样柔软的华盖。在华盖和床之间的狭窄地方，躺着一只蜘蛛，它的腿很短，穿着深色的外衣，背上有五枚黄色的徽章②。

　　蜘蛛的屋内一尘不染，而屋外却垃圾遍地。这引起了我的怀疑，为了解开心中的疑惑，我决定饲养克罗多蛛。

　　我把克罗多蛛连同它的家一同装进锥形纸袋里，带回了家。放到铺着沙土的瓦罐里，然后罩上钟形金属罩。

　　克罗多蛛对于严重破损或

---

①作者运用比喻的修饰手法形象地写出了克罗多蛛窝的特点。
②运用比喻和夸张等修辞手法，生动地描述了克罗多蛛巢穴的舒适，语言优美，富有文学性。

挑剔（tiāo ti）：过分严格地在细节上指摘。

变形的房子，会放弃它，乘着夜色到别处去另建新居。新的帐篷需要几个小时才能完工，只有一个2法郎的硬币那么大。它由两层重叠的薄网组成，上面一层很平，是床顶的华盖；下面一层呈弧形，形成一个小袋子。它按照平衡规律给建筑压上重物，尽量降低它的重心。

　　墙壁将变成厚厚的绒布，可以依靠自身来保持弧度和所需的空间。这时，蜘蛛就会抛弃起初对布袋加压非常有用的钟乳石状沙粒，仅仅满足于在房子上贴任何稍重一点的东西，通常是昆虫的残骸。因为这材料无须特地去寻找，每吃完一顿饭脚下就会有。它们不是用来炫耀的战利品，而是起平衡固定作用的碎石，它们代替了需要到远处去搜寻，并且吊到高处的材料。这样，便形成了一个保护层，不仅加固了住所，而且还使其平稳。此外，一些小贝壳和其他长长地挂着的东西，也常常能增加房屋的平衡①。

　　此后，随着蜘蛛进食，越来越多吃剩的尸体被嵌到袋子上，松动的沙粒串逐渐掉落，整幢房子又重新呈现出乱尸堆的模样。于是，我们得出了同样的结论：克罗多蛛深谙平衡学，它通过附加重物的办法，来降低房子的重心，从而使它既平稳又宽敞。

　　克罗多蛛吃饱后，躲在窝里，什么也不干，尽情地享受时光。我在三年的不懈观察中，从来都没见到过它白天在钟形罩里捕食，窥伺猎物。它冒险到屋外捕猎的时间总是在深夜。

---

①以上几段详细介绍克罗多蛛建造新居的原因、遵循的规律以及目的。

深谙（shēn ān）：十分熟悉。
窥伺（kuī sì）：暗中观望动静，等待机会（多含贬义）。

克罗多蛛极其害羞，它昼伏夜出，从不让我们看到它的所作所为，尤其是产卵。大约十月份的时候，我带回一窝克罗多蛛的卵，大

概一百多颗。卵孵化得很早，十一月还没有到，袋子里就有了小生命，它们很小，穿着深色的外衣，上面有五个黄色的斑点，与成年的克罗多蛛一模一样。新生儿们还没有离开各自的卵袋，它们紧紧挨在一起，在那儿度过整个冬季，而蜘蛛母亲则伏在卵袋堆上，守卫着住宅的安全。

当炎热的六月来临时，小蜘蛛们也许在妈妈的帮助下，捅破了卵袋的墙壁，走出了母亲的帐篷。老克罗多蛛留了下来，孩子们的离开并没有让它变得忧虑和憔悴，相反它显得越发年轻了。

小蜘蛛们走后，蜘蛛母亲也离开了家，它们在钟形罩的网纱上，各自为自己造了新的房子。原先的那幢房子尽管铺着厚实的地毯，却有着严重的缺陷。它的里面到处是蛛丝卵袋的废墟，很难和房子分开，为了让新的卵袋有空间可占，克罗多蛛就会搬家①。

另外，同狼蛛一样，克罗多蛛、迷宫蛛，以及许多其他蜘蛛的孩

①以上内容详细介绍克罗多蛛是如何哺育后代的。

憔悴（qiáo cuì）：形容人瘦弱，面色不好看。

子，也向我们提出了同样的谜：它们都是只运动，不进食，却依然和它们生命最旺盛的时候一样敏捷。如果要它连续七八个月保持站立，不停活动，还能躲避危险，它怎么才能做到这点呢？它哪有地方储备这么多的物质，来维持这么大的能量消耗呢？

这个世界上是否存在着某种细小的微粒，可以为动物的活动提供取之不尽的脂肪？想到这里，我们惊恐万分，没有办法不打消这样的念头。

今天蜘蛛所引起的猜测，也许会在将来某一天会被科学所验证，并成为生理学的基本定理。谁也说不准，一切皆有可能。

知 识 链 接

为什么蜘蛛不会被自己的网粘住

为什么蜘蛛不会被自己的网粘住呢？简单来说，是因为在蜘蛛腿的末端有一种分离装置可以瞬间使蜘蛛和蛛丝分开，这种装置巧妙地运用了解剖学上的适应性。具体来讲，蜘蛛腿的末端除了有一对"行走爪"外，还多出一个长满弹性毛刺的"分离爪"。当蜘蛛行走的时候，分离爪和毛刺爪将蛛丝拉成紧绷的弓状，然后迅速松开，借助蛛丝巨大的弹性将腿与蛛丝弹开。

　　无论是哪一个学科都有未被破解的谜题，只有我们不断地探索、不断执着追求，才能找到答案。下一个谜题或许就会在你的大胆推测和刻苦钻研中得到解决。法布尔对科学的执着追求和大胆推测，着实令人佩服。

26　朗格多克蝎子的住所

朗格多克蝎子
分布特点：主要分布在地中海沿岸的
　　　　省份；独居，远离人群
居住环境：植被稀少，巢穴简陋
洞穴特点：常位于扁平大石块下，宽
　　　　如粗口瓶颈，有几寸深
战斗武器：螯钳

微信扫码

读懂经典文学名著，
爱读会写学知识
★听故事学知识
★跟名师精读名著
★名著读写方法指导

体貌特征：
体型巨大，长达八九厘米，呈稻草的金黄色；有八只眼
睛，蝎尾的前五节棱柱组成腹部；最后一节是一个囊状
器；尾顶长着一根尖锐的螯针，内有毒液；盔甲由变幻
莫测的细粒状轧花绲边拼接。

　　本章中，作者主要介绍了朗格多克蝎子的体貌特征、身体各部位的
结构特点以及功能。同时，为了更好地观察，作者分别建立了三个实验
场：院子深处的露天蝎子小镇、工作室里的纱网钟形罩和玻璃园。

　　由于蝎子那令人惧怕的外形和它本身神秘的生活，再加上它言过其实的恶名，人们对它的研究少之又少。我第一次见到朗格多克蝎子是在半个世纪以前，在罗讷河彼岸、阿维尼翁对面的山丘上。我在一次找蜈蚣的时候，发现了它。它的尾巴卷在脊背上，螫针的顶端挂着一滴毒液，双钳展开伸出地洞口。妈呀！还是别管这可怕的动物吧！于是翻起的石头又落回了原地①。

　　我带回了蜈蚣，留下了蝎子，但心里却隐约藏着一种预感：总有一天，我会去关照蝎子的。五十年后，这一天终于来了②。在我家附近有数量众多的朗格多克蝎子，它们出没在布满砂石的朝阳山坡上。在那里，这怕冷的昆虫不但能享受非洲般的温暖气候，还能找到易于挖掘的沙地③。

　　蝎子偏爱的地区植被很少，巢穴也很简陋。通常位于扁平而且略大的石块下，一个宽如粗口瓶颈、深几寸的洞穴。

　　大家都知道，普通的黑蝎分布在南欧的大部分地区，它经常出没在人类居住的黑暗的角落。而令人生畏的朗格多克蝎子则分布在地中海沿

---

①写出了"我"受大家影响，对蝎子有一种惧怕的心理，同时也突出了蝎子可怕的特点。
②"五十年"是法布尔为昆虫研究贡献一生的感人写照。
③交代了朗格多克蝎子的居住环境。

言过其实（yán guò qí shí）：说话过分，不符合实际。

岸的那些省份，它们远离人群，独居在荒僻的地方。与黑蝎相比，它体形巨大，长成之后可达八九厘米，身体呈干稻草般的金黄色①。

蝎尾，实际上是蝎子的腹部，由五节棱柱组成，它既像一只小桶（桶板拼接形成起伏的脊背），又像一串珍珠。螯钳的臂与前臂也覆盖着同样的细线，这些细线将它们分割为长长的平面。蝎子的背部也蜿蜒地爬满了线条，如同盔甲的接缝，而盔甲的每个组成部分则通过变幻莫测的细粒状轧花绳边相互拼接。这些粒状的突起使盔甲野性十足、坚固异常，并成了朗格多克蝎子的标志。

蝎尾的最后一节——第六节是一个光滑的囊状尾器，蝎子的毒液就是在这个葫芦状的囊里产生并储存的。蝎尾的顶端长着一根弯曲、深色，而且特别尖锐的螯针。离针尖不远处，开着一个需要用放大镜才能看到的小孔，毒液就从这里注入被蜇的伤口。螯针十分坚硬和锐利，很弯，蝎尾伸直时，针尖是朝下的。如果蝎子要使用武器，就必须将它举起，翻转过来，自下而上进行打击。这是它一成不变的战术。蝎子将尾巴卷在脊背上面，并向前蜇咬被螯钳制住的双手。此外，蝎子几乎总是保持这种姿势，无论是行走还是休息，蝎子总是将尾部翘在脊背上，极少将它伸直开来。

①介绍朗格多克蝎子的体貌特征。

蝎子的螯钳，也就是长在口部两旁的手，它们不仅是战斗的武器，也是获取信息的工具。

蝎子的脚的末端似乎是被突然切断的，上面长着一组弯曲灵活的小爪子，爪子的正对面竖着一根短而纤细的针，充当着类似于拇指的作用，脚上长满了粗硬的纤毛。所有的这些组成了一副绝妙的钩爪，使得它能灵活地在钟形罩的纱网上来回爬行，或者长时间头朝下地停留，或者沿着一道墙垂直攀行。

紧靠着蝎脚下面的便是栉，这种奇怪的器官为蝎子所独有。它由一长排相互紧靠着的薄片构成，解剖学家们推测栉的作用是保持运行一种相互契合的机制，使得雌雄蝎子在交配时能紧靠在一起。栉的另一个功能就是当作蝎子的平衡器。

蝎子共有八只眼睛，分为三组。在那块既是头又是胸的奇怪部分的中央，紧挨着两只大而凸起的眼睛。双眼的光轴方向近乎水平，差不多只能让它们看到两侧的事物。另外两组各由三只眼睛组成，它们有着与第一组相同的特点。它们极小，位置更加靠前，几乎位于蝎嘴上方突然截断的凸起边缘。

蝎子的眼睛有很深的近视，又极端斜视，所以它们只能摸索着前进。[1]

为了进一步探索深居简出的蝎子的生活习性，我在家中为它们提供

①以上几段内容详细介绍了朗格多克蝎子身体各部分的结构特点以及功能。

深居简出（shēn jū jiǎn chū）：平日老在家里待着，很少出门。

了一个舒适的露天环境，为它们建了一个小镇，往里面放入二十多只成年蝎子。为了避免它们之间互相打扰，也为了让它们定居下来，我用合适的距离把它们隔开。

不过，这块圈起的营地还不够，另外，某些观察要求我们全神贯注，这与外界的干扰显得格格不入。为了方便更近距离地观察，我又建起了第二个养蝎场。

这一次是建在工作室的大桌子上，我拿出了常用的器具——大罐子。每个罐子里都装满了筛过的沙土，整个养蝎场被一个钟形网纱圆顶罩罩着。我尽可能辨别出雌雄，让不同性别的蝎子成双成对地同住在一起。钟形罩下的蝎子让我更好地观察到了它们的挖掘工作。为了让它们定居下来，我给每一个俘房都提供了一块弧形花盆碎片，碎片半插在沙中，形成了洞窟的口子，接下来，蝎子得靠自己在下面挖掘。

值得注意的是，虽然蝎子的螯钳有力，但从不参与挖掘工作，螯钳被专门用来进食、搏斗以及获取信息。一旦从事挖掘这种粗活，指节的高灵敏度便会丧失。蝎子轮流用脚挖掘，用尾巴将废渣扫出洞外。

寒冷的季节过去后，四月里，情况突然发生了巨变。在钟形罩下的

格格不入（gé gé bù rù）：有抵触，不投合。

蝎子们逾越障碍，离开了花盆碎片下面的家。它们宁愿在外面消遣，也不愿回地下的凹室里昏睡。在被圈起来的蝎子小镇里，情况更为严重。我的居民们都逃离了小镇，去向不明。

最后我决定建一个玻璃围场，因为玻璃墙壁不会给蝎爪提供任何攀缘的支点，这样蝎子们就无法攀登，无计可施了。经过我的努力，玻璃围场里虽然仍有蝎子尝试逃跑，可一只也没有成功。

现在，我有了三个实验场——院子深处的露天蝎子小镇、工作室里的纱网钟形罩，最后还有玻璃园，它们各有利弊。我对它们逐一观察，尤其是玻璃园。如今，这座华丽的玻璃宫殿已经成了我家的一景，每当家里人经过时，没有不朝它看上一眼的。沉默寡言的昆虫们，你们什么时候能开口说话啊？

朗格多克蝎子的天敌

　　法布尔为验证蝎子毒液的毒性，做了无数实验，被实验者无一例外，被毒液毒死。那么，朗格多克蝎子真的没有天敌了吗？这种凶狠的蝎子，最怕的居然是蚂蚁！蝎子的螯钳虽然厉害，但对于小小的蚂蚁来说，完全英雄无用武之地。蚂蚁虽然弱小，却非常团结，它们会对蝎子群起而攻之，不但能抢食它捉来的虫子，还可以将这个庞然大物蚕食掉。

逾越（yú yuè）：超越。
消遣（xiāo qiǎn）：做自己感觉愉快的事来度过空闲时间；消闲解闷儿。

27 朗格多克蝎子的食物

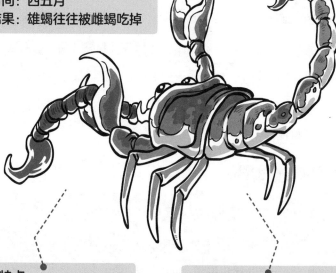

朗格多克蝎子
特性：胆小，但在饥肠辘辘时，
　　　也会猛然进攻
喜欢的食物：小巧、鲜嫩而且美
　　　味的猎物
交配时间：四五月
交配结果：雄蝎往往被雌蝎吃掉

饮食特点：
简单、有规律，每年的十月
到次年四月，食欲不强；每
年的四五月食欲猛增。

捕食过程：
用螯钳猛抓住猎物，然后细
嚼；若猎物挣扎，就用螯针
去扎猎物直到它安静。

　　本章中，作者介绍了朗格多克蝎子的饮食习性，既有规律又很简单，还能在接近半年的时间里不吃不喝，却仍能保持充沛的精力。根据这一特点，作者发挥想象力，希望自然界中的其他动物，包括人类，也能具备这种能力，从而减少苦难和暴行。这充分反映了法布尔丰富的联想力。

　　虽然朗格多克蝎子有着可怕的武器，好像习惯于掠夺和狼吞虎咽，但它的饮食却十分简单且有规律。从十月到次年四月的六七个月时间里，它虽然精力充沛，但食欲并不强。将近三月底，它才慢慢有了食欲，但饭量却小得让我们不可置信。啃食了瘦小猎物的蝎子要过好长时间才会吃上第二顿。

　　此外，蝎子还是个胆小鬼。无论是刚孵化出来的螳螂，还是菜粉蝶、蝗虫，都会把它吓一跳。看来只有在饥肠辘辘的情况下，它才会下定决心进攻①。

　　随着四月的到来，蝎子的胃口也大了，我试着给它们喂田间的蟋蟀，它们的肉就像黄油般入口即化。但蝎子对它们很是惊恐，一遇上它们就逃之夭夭。六只蟋蟀在龙潭虎穴里住了一个月后，又毫发无损、精神饱满地重获了自由②。

　　我又奉上蝎子老家石堆里的贱民，比如鼠妇、球马陆和赤马陆。我继续尝试了盗虻和沙潜，它们经常与蝎子出没于相同的场所，可能会是蝎子常吃的猎物。我还献上了从地洞附近的荆棘丛里抓来的锯角叶甲、从蝎子客人栖息地的沙土里捕来的虎甲。可是，没有一只被收下，似乎是它们的外壳使蝎子讨厌。

　　蝎子喜欢吃小巧、鲜嫩而且美味的猎物。五月里，一种长着柔软

---

①说明蝎子并不像人们想象中的那样可怕。在没有外来侵略的时候，蝎子是不会主动进攻的。
②通过蟋蟀的例子，突出蝎子的胆小。

饥肠辘辘（jī cháng lù lù）：非常饥饿。

鞘翅、长约一指宽的昆虫——野樱朽木甲前来拜访，我终于看到了蝎子进餐的场面。野樱朽木甲在地上一动不动，蝎子阴险地朝它靠过去。这不是狩猎，而是采集食物。没有匆忙，没有搏斗，没有任何尾巴的动作，也没有使用带毒的武器。蝎子镇静自若地用它那长着两个手指的螯钳猛地抓住猎物，然后将两个螯钳同时收回，把食物放到嘴边，并保持着这样的姿势，直到进食结束。被吃的昆虫还生机勃勃，在大颚间挣扎着。这惹恼了我们的食客，于是，螯针向嘴的前方弯去，对着昆虫轻轻地扎了又扎，让猎物安静下来。蝎子重新开始咀嚼，螯针则继续扎着猎物，仿佛食客在用叉子将食物一小块一小块地送进嘴里细嚼[①]。这一顿吃完了，蝎子在很长一段时间里不会再吃第二顿。

四五月份是集会和节日盛宴的绝佳时间，我往玻璃围场里放入了十几只残翅的菜粉蝶和金凤蝶。大多数时候，蝎子对这些昆虫视而不见。不过，有时我还是观察到了捕猎的场景。某一只在地面上扭动的蝴蝶被

①详细介绍蝎子螯钳的功能——猎捕和进食。

172

散步的蝎子猛地捉住。蝎子快速将蝴蝶抓
起，并不停步，继续前进，它仍然将
螯钳伸向前方摸索着，如同乱舞的手
臂。这一次，蝎子并没有用螯钳把食

物放到嘴边，因为它们忙着摸索前方的道路，它只用大颚叼着战利品。
蝴蝶活生生地被咬住，绝望地扇动着它的残翅，看起来仿佛是一块白
色的羽饰在凶猛的胜利者的前额上飘扬。假如俘虏的挣扎让劫持者感到
厌烦，它就会在一边前进一边咀嚼的同时，轻轻地用螯针让俘虏安静下
来。最后，蝎子扔下猎物。它只吃了蝴蝶的头而已。

一个星期过去了，玻璃围场里的二十五只蝎子，都只吃一块碎屑便
能填饱肚子①。

我又把蝴蝶换成蝗虫，但是，蝎子仍然对它们不感兴趣。

①再一次说明蝎子的食量的确很小。

可是四五月份的交配季节一到，情况突然完全变了，饮食简朴的蝎子成了饕餮鬼，开始令人害怕地大吃大喝起来。有许多次，我看到它们在吞吃着自己的同胞。而且，被吞食的总是雄蝎。这种婚礼后的大餐，与螳螂的婚礼悲剧不相上下。

除了某些过于特殊、不能记录在册的珍馐以外，我只发现了一些简单的小吃。在给蝎子颁发饮食简朴奖之前，我做了以下实验，它将会给我们一个正式的答案。

初秋，我把四只中等体形的蝎子分别放进四只瓦罐，罐里铺着一层细沙，还放上了一块花盆碎片。我不给它们提供一丁点儿的食物。在这样的情况下，它们仍然很活泼。

冬季过去了，没有一只蝎子死亡。一直到六月中旬，三个囚犯死去，第四只一直坚持到了七月。直到对它们完全禁食总共九个月，才终止了它们的生命。

另一组实验的对象更加年幼，是大约两个月大的蝎子。十月起，我将四只小蝎子放入装有一指之宽的细沙的四个水杯中，它们同样在没有食物的情况下坚持到了第二年的五月和六月。

这两个实验向我们证明，朗格多克蝎子能在一年中四分之三的时间里不进食，而仍然保持活力。为此，它需要很长时间才能长成成年蝎子的庞大体形①。

①以上两组实验结果证明：蝎子的饮食确实很简单，而且有规律。

饕餮（tāo tiè）：传说中的一种凶恶贪食的野兽。
珍馐（zhēn xiū）：珍奇贵重的食物。

进食对蝎子而言到底有什么作用？它的每一次食量都如此之少，并且间隔时间如此之长，可总能看到它们活泼地动着，挥动着尾巴，挖掘着沙砾，然后将它们扫去、搬走，而且一挖就是八九个月。它们到底靠的是什么？它们有什么东西可以在生物氧化的作用下转变为动能呢？

啊！在我们这个煤炭时代，蝎子这种生命的出现是多么了不起！不用进食便能活动，假如这一禀性能得到普及，其意义将无与伦比！一旦能摆脱饥饿的专制，多少苦难和暴行会随之消失啊！为什么这项伟大的实验没能继续下去，让更高级的动物参与到实验中来，首创者蝎子的榜样没能被学习和发扬光大，这真是遗憾！否则，在今天，思想——这一人类活动最微妙、最高级的表现形式，就可能摆脱饮食的耻辱，仅靠一道阳光就能摆脱疲劳了[1]。

①由蝎子进食简单有规律这一特点引发想象和议论，希望自然界中的其他动物，包括人类也能具备这种能力，从而减少苦难和暴行。

28　朗格多克蝎子的毒液

蝎子的行为	结果
蜇了狼蛛	狼蛛立刻死了
蜇了螳螂	螳螂要么当场毙命，要么踌躇几分钟后死去
蜇了灰蝗虫、蚱蜢	它们一小时后完全不动了
蜇了大孔雀蝶	四天之后，大孔雀蝶的生命就枯竭了
蜇了蜈蚣	蜈蚣从第三天开始衰弱，到了第四天奄奄一息，最终一动不动了
结论：在昆虫的世界里，无论是多么强大的对手，只要被蝎子刺中，都会死亡	

　　本章主要讲述朗格多克蝎子毒液的巨大威力。作者用了很多种昆虫作为实验对象，结果证明，任何昆虫一旦被蝎尾蜇中，无一幸免，只是坚持的时间长短不一罢了。

　　我不知道蝎子通常在什么情况下需要自卫，为了测试蝎子的毒液到底有多厉害，我决定在昆虫世界的范围里，让它尽可能地面对各种强大的对手[①]。

　　我把朗格多克蝎子和纳博讷狼蛛同时放进一只宽大的广口瓶里，这两种昆虫同样配备了毒药，谁更厉害并会吃了对方呢？我以为狼蛛虽然柔弱但身手敏捷，可能会赢，但事实证明我想错了。狼蛛一看到对手，便立刻半直起身子，张开它那悬着一小滴毒液的毒牙，毫无畏惧地等待着。蝎子双钳前伸，慢慢移动过来。它用两个指头的螯钳抓住蜘蛛，让它动弹不得。蜘蛛受制在离对手一段距离的地方，只能绝望地抗争着，毒牙一张一合，却无法咬到蝎子。面对这样的敌人，狼蛛是不可能获胜的。

　　蝎子几乎没有费任何劲儿，它弯起尾巴，伸到额前，不紧不慢地将螯针往猎物的黑色胸膛里一扎。不过，蝎子不像胡蜂或其他长着四片翅膀的好斗剑客那样，在刹那间一蜇就结束战斗，它必须费一点工夫，才能让武器刺入。那条多节的尾巴一边摆动一边往前推，同时将螯针转来转去，就如同我们用手指把一个尖锐的东西扎进一个比较坚硬的地方一样。强壮的

狼蛛一旦被蜇，就立刻缩起腿脚，死了。本来食用战败者就是胜利者的一个惯例，更不用说多肉的蜘蛛是上等的美味，蝎子当场就美餐起来。按惯例，蝎子从头开始吃，除了几节啃不动的腿脚之外，整只狼蛛都被一扫而光。这些食客们一定有着特殊的肠胃功能，它们可以忍受无尽的饥饿，可一旦时机到来，又可以胡吃海塞。

除了狼蛛、圆网蛛，甚至是那些最强壮的角蛛、彩带蛛和丝蛛，都遭到了蝎子凶猛的攻击，最终变成了蝎子的美餐。

为了看到难得的蝎子和螳螂的争斗场面，我不得不人为地创造机会，来弥补这个遗憾。我又挑选了大个儿的蝎子和螳螂，让它们在土罐竞技场里决斗。

螳螂被蝎子的螯钳抓住后，马上摆出幽灵般的姿势，张开带有锯齿的前肢，并把翅膀展开呈盾形。这个动作不但不会给螳螂带来胜利，相反却有利于蝎子的攻击。螳螂前肢被蜇以后，不到一刻钟，就完全不动了。

我换了一只蝎子操刀手，以确保毒囊里有足够的毒液。

这又是一只强壮的螳螂太太，它半直起身子，转动着脑袋，视线越过肩膀警觉地看着。它摆出幽灵般的姿势，翅膀相互摩擦，发出"噗噗"的声响。它的勇敢先让它占得了上风，它用带锯齿的臂铠成功地抓

惯例（guàn lì）：一向的做法；常规。
一扫而光（yī sǎo ér guāng）：比喻全部清除干净或消失。
胡吃海塞（hú chī hǎi sāi）：无节制地大吃大喝。
遗憾（yí hàn）：遗恨。

住了对手的尾巴①。

可是，这无知的可怜虫松开了它的捕兽夹，蝎子就刺中了它第三对足附近的腹部。顿时，螳螂的器官完全失调了。

做试验用的螳螂，无论被刺中的部位如何，也无论它距神经中枢是近还是远，总是会死去，要么当即殒命，要么经过几分钟的抽搐之后死去。即使是响尾蛇、角蝰、洞蛇，以及其他最令人恐惧的毒蛇，也不能以更快的速度致受害者于死地。

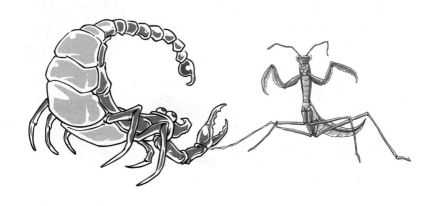

我首先由此而得出的结论是：这种现象是生物精细构造的结果，一种生物越是具有良好的天赋，便越是敏感和脆弱。我常想，蜘蛛与螳螂都是造物中的精品，它们一受打击便即刻殒命；而面对同样的打击，另一种粗俗的生物或许就能忍受几个小时或者几天，甚至并无大碍。它就

①形象地写出了螳螂的勇猛无比，与后文它还是被蝎子毒倒了的情形形成鲜明的对比。

殒命（yǔn mìng）：丧命。

是普罗旺斯园丁深恶痛绝的蝼蛄。

不用我的挑拨，蝎子便径直冲向蝼蛄，而蝼蛄则摆出攻击的架势，那对大剪子随时准备开膛破肚。但蝎子也不甘示弱用尾巴迅速地开始了攻击，螯针刺入蝼蛄盔甲背后的皮肤里。顷刻之间，野兽就被打垮了，它仿佛被闪电击中，瘫倒下来。接下来，蝼蛄做出一连串杂乱的动作。渐渐地，垂死的痉挛平息了。大约两小时后，它死了。

现在轮到蝗虫中最大最壮的灰蝗虫了。一开始蝎子只是躲避它，最终，逃跑者不耐烦了，便蜇了蝗虫的腹部。蝗虫受到的震撼一定猛烈异常，因为它一条粗大的后腿当即就脱落了，另一条腿也瘫痪了，弹跳也就到此结束。

一刻钟过去了，蝗虫倒了下去，再也没有站起来。在相当长的时间里，它仍然痉挛着，伸展着腿脚，抖动着跗节，摇晃着触须。这种状况越来越严重，能一直持续到第二天。不过，有时候用不了一个小时，蝗虫就完全不动了。

蚱蜢是另一种强壮的蝗虫类昆虫，长着不符合比例的长腿和像圆锥形糖块一样的头。它的死亡和蝗虫一样，也苟延残喘了几个小时。

这回，我观察的对象是葡萄树上的距螽。这大腹便便的虫子被刺

苟延残喘（gǒu yán cán chuǎn）：比喻勉强维持生存。

中了腹部。我给它服了一些葡萄汁作为补药，药水似乎起了作用，它看上去逐渐恢复了健康，但到了被刺的第七天，病人就死去了。蝎子的毒针对于任何一种昆虫——哪怕是最强壮的昆虫——都是残酷致命的。有的即刻丧命，有的则苟延几天，但最终都得死去。总体说来，飞蝗类昆虫的承受能力比其他蝗虫强，距螽证实了这一点。

大蜻蜓和蝉被蜇以后死得也很快，几乎和螳螂一样。

对于装备着角质装甲，刀枪不入的鞘翅科昆虫，蝎子能用螯针刺中的部位只有一个：那就是鞘翅科昆虫的上腹，那里十分柔软，由鞘翅保护着。我将这个部位暴露出来或将鞘翅和翅膀事先除去放到蝎子面前。而且，我专门选择个头儿最大的鞘翅科昆虫，比如有带角天牛、天牛、金龟子、步甲虫、金匠花金龟、腮角金龟、粪金龟等等。

所有这些昆虫在蝎子的蜇咬下都无一幸免，但它们垂死的时间却长短不一。圣金龟子在伸着足抽搐了一阵之后，便将腿脚高高升起，躬着背在原地踏步，可无法前进，这是它的行动机制缺乏协调的结果。它翻倒在地，再也站不起身来，并狂乱地蹬着腿。终于，几小时后，一切都归于平静：圣金龟子死了。

金匠花金龟、普通腮角金龟、长着角的漂亮的松树腮角金龟以及金步甲也遭遇了同样的结局。而葡萄根蛀犀金龟似乎死得还体面一些，刚被蝎子蜇中时，它似乎没有感觉，像平日一样四处走动，当毒素突然发作时，它便踉跄倒下，在三四天的时间里，除了垂死的细微动作之外，没有任何挣扎。

蝴蝶被蜇后，特别敏感。比如，金凤蝶、海军蛱蝶、大戟天蛾和条

纹天蛾，它们和蜻蜓、狼蛛以及螳螂一样，也是闪电般地死去了。

但是，令我大吃一惊的是，大孔雀蝶面对攻击似乎毫毛不损。在蝎子费尽力气蜇了它几针之后，大孔雀蝶仍安然无恙。四天之后，它的生命枯竭了。死去的是一只雌蝶，母性的本能战胜了垂死的痛苦折磨，推迟了死亡来临的时间：在死之前，这只蝴蝶产下了自己的卵。

对蝎毒的抵抗能力和大孔雀蝶不相上下的还有桑蚕蛾。可能是它们有相似的身体构造，它们的机体极其粗糙，因此也极不容易受损。

让我们再来看一下粗俗的蜈蚣吧。这条恶龙长着二十二对脚，它对蝎子来说可不陌生。有时我会在同一块石头下发现它们。结局怎么样？让我们拭目以待。

我把这两只可怕的家伙放在一个底部铺了沙的广口瓶里。它们邂逅

拭目以待（shì mù yǐ dài）：形容殷切期望或密切关注事态的动向及结果。
邂逅（xiè hòu）：偶然遇见，不期而遇。

了两次，但第二次时，蝎子已有所戒备，它尾巴绷紧呈弓形，双钳张开。蜈蚣刚刚回到环形跑道上的那个危险地点，就立即被蝎子的双钳捉住，并被夹住了头部附近的部位。这脊椎灵活的长虫扭曲着、缠绕着，可都无济于事。对方镇定自若，将双钳夹得更紧。无论蜈蚣乱跳也好，缠绕也好，松开也好，都无法让蝎子松手。

与此同时，蝎子挥舞起螫针。它三四次扎进蜈蚣的侧肋，蜈蚣则张大毒牙，想尽力咬蝎子，却因为前半身被蝎子死死钳住而无功而返。只有它的后半身还在挣扎扭动，时而卷起，时而松开。不过这一切都是白费力气，它被蝎子的长钳固定在远处，根本用不上毒牙。

这样的战争持续了好几个回合，直到我把它们分开。后来，尤其是夜里它们可能又开战了，我不知道。总之，第三天蜈蚣衰弱了许多。第四天，它已经奄奄一息了。最终，当蜈蚣一动不动时，蝎子便开始对这个庞大的猎物下手了①。

被螫的昆虫的死亡时间为什么会有这样的差别呢？原因似乎是它们的身体结构不同，但又不完全是这样。到目前为止，我们还没弄清蝎子的尾巴中究竟藏着怎样不可告人的秘密②。

①描写了各种昆虫被螫后的不同惨状，详略得当。再次证明了朗格多克蝎子的毒性威力巨大。
②最后一段，突出了法布尔严谨、实事求是的科学态度。

29 朗格多克蝎子爱的序曲

蝎子爱的序曲
对象：雌蝎和雄蝎
时间：四月中旬起，每天夜里
地点：隐蔽的洞穴
表白方式：蝎子倒立起来

　　本章主要通过作者细致入微的观察，写出了蝎子们成为情侣的过程，还向读者讲述了蝎子在交尾前后并不热衷于食物和交尾后雄蝎被雌蝎吃掉的现象，最后还向读者描述了雌蝎可能会不满意雄蝎的现象。

我经常在同一块石头下看见一只蝎子在吃另一只，我怀疑是入侵者和保卫者之间的争斗。可是，死者相同的特征引起了我的注意：全是中等个头的雄性。我由此推论，这可能是蝎子的婚礼仪式，而为仪式作悲剧性收场的，就是交配后的肥胖雌蝎①。

第二年的春天来了，我的怀疑要有答案了。我在一只大玻璃笼子里养了二十五只蝎子，每一只都拥有自己的瓦片。从四月中旬起，每当夜幕降临，从七点到九点，玻璃宫殿里便会热闹非凡。白天似乎还冷冷清清，夜里却是一片欢乐的海洋。一吃完晚饭，我们全家都往那里奔去。借着悬挂在玻璃壁前的一盏灯笼，我们可以观察到笼子里发生的事情。观察蝎子成了我们一家人饭后的消遣。在靠近玻璃墙壁被微光照亮的地方，很快就聚起了好几群蝎子。

一些蝎子从远处赶来，它们庄重地从阴暗中走出，忽然迅速而轻柔地一跃，就像来了一个滑步，便进入了灯光下的蝎群之中。它们灵巧的样子让我想起小跑中的老鼠。它们互相搜寻，指尖一碰到对方便飞快地逃开，似乎相互烫着了一般。其他的蝎子呢，它们和同胞们滚作一团，狂乱地迅速逃走，等它们在阴暗中镇定下来之后，再度回来。有时，蝎群会特别混乱：它们腿脚乱窜乱动，螯钳互相抓打，尾巴弯曲着碰来撞去。在这混乱的场面里，蝎子们无论大小，都参与了斗殴，也不知道它们是在相互威胁还是在相互爱抚。不久，蝎群便解散了。它们各自逃

①提出自己的怀疑，引出下文。

斗殴（dòu ōu）：争斗殴打。

开，听之任之，不带任何伤痕，也没有任何扭伤。

比混乱成一团的腿脚以及翘起的尾巴更为精彩的是，蝎子们有时还摆出极有创意的姿势。两名斗士头对着头，螯钳后收，只以前身为支撑，将身体后半部分直立起来，如同树一般地倒立着，以至于长在胸口的八个白色呼吸小袋都暴露无遗。这时，它们的尾巴伸直呈直线并垂直竖起，相互摩擦，一滑而过，而蝎尾的末端则弯成钩形，几次三番地轻轻缠绕，接着又松开。突然，友谊的金字塔轰然倒塌，两只蝎子各自匆匆离开，没有任何礼节客套。

我明白了这是蝎子们定情时的相互挑逗。为了表白心中熊熊的爱火，蝎子会倒立起来。

每一次观察到的细节都迥然不同，而且很难分类，而缺少了细节，叙述就会毫无趣味。因此，在介绍蝎子如此奇怪并鲜为人知的习性时，我们不应当遗漏任何细节。于是，我便采用了日志的形式来记录。

1904年4月25日，两只蝎子面对面，螯钳并在一起，相互握住对方的指节。这是友好的握手，而不是战斗的前奏，因为双方彼此之间表现得再温和不过了。它们是一对异性蝎子，那只体形较胖、体色较深的是雌蝎；另一只相对较瘦、体色较浅的是雄蝎。这一对蝎子将尾巴绕成漂亮的螺旋形，迈着整齐的步伐，沿着玻璃墙壁闲逛。雄蝎在前面，稳稳当当地倒退着，没有遭到任何反抗。雌蝎顺从地跟随着，它的指尖被捉

听之任之（tīng zhī rèn zhī）：听任事情（多指不好的）自然发展变化，不管不问。
鲜为人知（xiǎn wéi rén zhī）：很少有人知道。

住，面对着拖着它的雄蝎。

终于，夜里十点左右，闲逛结束了。雄蝎爬上一块花盆碎片，似乎对这个隐蔽所很满意。它松开女伴的一只手，仅仅只是一只，但仍然握着另一只手；它用腿脚挖土，用尾部清扫。一个地洞就这样被打好了。它走进洞里，缓缓地、轻柔地将耐心等待的雌蝎拉了进去。

我不想打扰这一对情侣，打扰这一对儿是一种拙劣的行为。如果我立刻去看瓦片下面发生的事，那是为时过早，不合时宜，于是便回去睡觉。可是后来发生的事情让我很失望。虽然我们一家人轮流守候，想要知道这对情侣之间发生的事，但最终没有什么进展。这一对情侣分开了，雄蝎离开了瓦片旁，雌蝎还留着。

5月12日，又有一对蝎子成了情侣，可我没注意它们是怎么开始的。

拙劣（zhuō liè）：笨拙而低劣。

它们经常会停下来。这时，两只蝎子的额头靠在一起，微微地分别向左右倾斜，似乎在咬耳朵说悄悄话。细小的前足不停地扭动着，如同在狂热地爱抚，它们在相互倾诉什么呢？怎样才能用话语传达它们那无声的婚礼祝歌呢^①?

它们的缠绵没有受到任何打扰。晚上的田园爱情剧结束后，接下来深夜里便发生了令人发指的悲剧。第二天早晨，我在昨夜的瓦片下发现了雌蝎。瘦小的雄蝎在它身边，可是已经被杀，并被吞噬掉了一小部分。它的头、一只螯

钳和一对腿脚都不见了。我将雄蝎的尸体放到洞口看得见的地方。整整一天，女隐士连碰也没有碰它一下。当夜幕再度降临之时，它才出门，在路上碰见了死者，便将它拖到远处，以便为它举行体面的葬礼，也就是说继续将它吃完。雄蝎在完成自己的使命后，如果不及时脱身的话，就会被雌蝎吃掉^②。

5月14日，蝎子们对我抛给它们的食物似乎一点兴趣都没有。它们只是沿着玻璃墙走，好像要离开这里。尽管玻璃园的空间对所有蝎子的

①作者用饱含感情的语言写出了自己此时已完全陶醉在蝎子的世界里。
②详细介绍了朗格多克蝎子交尾前后的情形。

令人发指（lìng rén fà zhǐ）：形容使人愤怒到极点。

生存和活动来说都绰绰有余，可蝎子们就是要去远方流浪。

春天，到了交尾的时节，蝎子们必须远行。虽然在野外不能享受我那引人入胜的小灯笼光，但它们却拥有一只无与伦比的大灯笼——月亮。

5月20日，一对蝎子就在我眼前，在灯笼的照耀下，配成了对。两只蝎子额头碰着额头，螯钳拉着螯钳。它们大幅度地摇摆着尾巴，竖起身子，尾巴末端相互勾着，缓慢而轻柔地相互摩擦抚摸。这两只蝎子就像前面描述的那样直立起来。不一会儿，它们双双倒地，手指相握，二话不说便上路了。这样看来，它们刚才摆出的那个金字塔的造型应该是交配的前奏。

在接下来的过程中，这只雄蝎又换了几次女伴，雄蝎对这个从来不在乎，只要有陪伴它的女伴就行。可是，它到底需要什么样的配偶呢？遇上的第一只就行。终于，这只雄蝎找到了它遇上的第一只雌蝎，做起了奇怪的体操。这一对蝎子有了更亲昵的动作，我们姑且叫"亲吻"和"拥抱"吧。雄蝎的心上人被动地任其摆布，可心里还是有溜走的念头。

5月25日，我们在初步的观察中看到顺从的雌蝎打了雄蝎一棍，这说明雌蝎也有它任性的地方，会断然拒绝对方，也会突然要求分手。到了晚上的时候，它们又亲亲热热地散步了。随后，它们依次进入了洞穴中。

绰绰有余（chuò chuò yǒu yú）：形容很宽裕，用不完。
无与伦比（wú yǔ lún bǐ）：没有能比得上的（多含褒义）。

　　可没过一会儿，大约是住宅与时机都不符合这位美人的心意，它又倒退着出现在门口，一半身子已经出了洞穴。它抗拒着拉住自己的雄蝎，而后者丝毫不懈怠，使劲往里拽，只是还没露出身子来。它们的争吵十分激烈，一只在屋里奋力拉，另一只则在外面使劲扯。它们时而前进，时而后退，不分胜负。最后，雌蝎猛一用力，将男伴拉出洞来。

　　但是这对蝎子并没有分手，它们又到了外面，继续开始散步。在漫长的一个小时里，它们沿着玻璃壁走着，一会儿朝这儿转，一会儿朝那儿转，接着又回到了刚才的那块瓦片前，我敢肯定就是同一块瓦片。道路已经开通，雄蝎迫不及待地钻了进去，发疯似的将雌蝎往里拖。雌蝎在外面奋力地反抗着。它伸直腿脚，在地上划出道道痕迹，并将尾巴用力靠在瓦片拱起的部位上，就是不愿意进去。

　　最终，它的美人儿跑了。雄蝎灰溜溜地回了家。它受了骗，我也一样①。

①结尾用诙谐、幽默的语言写出了作者的观察没有达到目的。

如何分辨蝎子的雌雄

　　幼年的蝎子看上去都差不多，几乎无法分辨。成长中的蝎子看上去更接近雌性，只有当它们成年之后才容易分辨出性别。雌雄蝎子的具体差别体现在很多方面，但是最明显的差异是身体形态和体型大小。雄性蝎子通常短一些，躯干部位比较细长，而雌性的则要稍微大一些，躯干部位膨大一些，也比较厚。这是最简单直接的分辨方法。

读懂经典文学名著，爱读会写学知识

微信扫描目录页二维码，获取线上服务

30 朗格多克蝎子的交尾

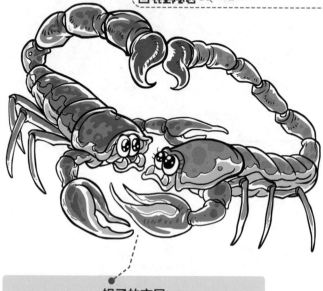

蝎子的交尾
对象：雄蝎和年轻的、肚子小的雌蝎
时间：一般在夜里
地点：瓦片下
经过：配成对后，它们开始寻找瓦片住下；
　　　交尾结束，雄蝎往往被雌蝎吃掉

　　本文生动形象地介绍了朗格多克雄蝎对雌蝎的追求过程以及雌蝎怀孕的反常举动。蝎子对群居并不反感，它们对异性的争夺也很有趣。最后文章还交代了朗格多克蝎子交尾后的情况——雌蝎会吃掉自己的丈夫。

我一直好奇，朗格多克蝎子是如何在一起繁殖后代的？为此，我花费了大量的时间和精力。

此前我担心强烈的光线，会对蝎子们造成干扰，便一直将灯笼悬挂在外面，和玻璃壁保持一定的距离。但是，我错了。蝎子们一点都不害怕这些光线，反而高兴地向那儿靠拢，沉迷在这灯笼的光辉下，整晚如痴如醉地看着那盏小灯的光芒。

在灯笼脚下的亮处，我发现了一对蝎子。只有雄蝎会主动，甚至是强硬地拖着雌蝎的螯钳的两个指节，让它动弹不得，任凭雄蝎摆布。这完完全全是诱拐，是暴力绑架，就像洛摩洛斯的手下抢走萨宾女人一样。

按照惯例，婚礼之后雄蝎将被吃掉。多么奇怪的世界啊，受害者竟然会强行把杀它的祭司引上祭坛[1]！

经过几夜的观察，我发现养殖场里体形最胖的雌蝎基本上不参加这成双成对的嬉戏。那些热衷于散步的雄蝎几乎总是去找年轻、肚子

较小的雌蝎。有时，它们也和其他雌蝎打个照面，不过这只是短促的逢场作戏，雄蝎被胖雌蝎拒绝后也不坚持，放开雌蝎，两者就此

①作者通过形象而带有情感的语言写出了蝎子的世界是多么的不可思议！

逢场作戏（féng chǎng zuò xì）：指遇到机会，偶然玩玩，凑凑热闹。

分道扬镳。

那些大腹便便的都是些上了年纪的胖雌蝎，对激情如火的交尾已不再关心。

刚才在灯笼下发现的那一对蝎子，它们在瓦片下，保持着散步时的姿势组合，面对面，手指捉着手指。此时，又有两个蝎子结成了一对，打算开始长途旅行。我从未见过蝎子在大白天干这种事，恐怕以后也很少看到。我认为是雷雨天气的缘故，强大的电压和臭氧的气息让蝎子的神经受到了刺激，兴奋起来。

它们经过一些敞着门的小屋，想进去，可宅子的主人都不同意。最后，它们只能钻进第一对蝎子昨夜就已入住的那块瓦片下面。同住一室并没有引起纷争，新老住户相安无事地住着，它们一动不动，手指依然相互牵着。这种状况持续了一整天。据我所知，尽管欢乐的雷声刺激着它们，但在这漫长的单独会谈中什么也没有发生①。

朗格多克蝎子对群居并不反感。玻璃笼子里时常会有一些蝎子群，不分性别地聚在花盆碎片下面。即使一间屋子里有五只或六只蝎子，它们之间也从未发生过严重的纷争而是和平共处，这是必需的。因而它们的性格变得温和了，但并没有完全改变，雌蝎们临产前的食欲总

① "据我所知"说明作者很有把握，由于长期的观察，作者对这些昆虫们的生活习性了如指掌。

分道扬镳（fēn dào yáng biāo）：指分道而行。比喻因目标不同而各奔各的前程或各干各的事情。
相安无事（xiāng ān wú shì）：相处没有冲突。

是旺盛得有点反常①。

它们对刚孵出的孩子很是宽厚，对已经稍大但还不能生育的孩子却越发憎恨，甚至把它们吃掉。我曾亲眼见过这一惨剧。

一只傻头傻脑的小蝎，身体还没有成年蝎子的三分之一或四分之一大，毫无歹意地经过一间小屋的门前。肥胖的蝎子太太从屋里出来，朝可怜的小家伙走去，用螯钳将它捉住，一针把它制服，然后安然地吃了起来。

少男少女们或迟或早都以同样的方式死在了玻璃笼子里。原来我还有十二只小蝎子，没几天就一只也不剩了。我把这种行为归结于妊娠期内产妇经常出现的怪癖。因为等到孩子们降生后，养殖场里又会呈现一派祥和的景象，没有一例同类相残的事件。此外，雄蝎们对保卫家庭漠不关心，但也不会做出这些悲剧性的疯狂举动。

如果两名追求者遇到同一只雌蝎，其中的哪只能邀请它、带它去散

①过渡句，与下文雌蝎安然吃掉其他幼蝎的举动形成鲜明的对比。

步呢？这将取决于谁的手腕更有力。

两只雄蝎都用一只螯钳的指尖抓住美人儿靠近自己一侧的手。一只雄蝎在右，另一只在左，使尽全力向不同的方向拉。它们的腿脚用力向后撑着，作为杠杆，臀部轻轻颤动，尾巴摇摆着，为自己增添冲力。加油！它们又摇又晃，猛地向后退，拉扯着雌蝎，看起来就像要把雌蝎撕裂，各分一块带走一样。求爱的表白成了将雌蝎撕裂的威胁。

此外，它们之间没有任何直接的身体推搡，甚至没有用尾巴背面相互拍打。只有被撕扯的雌蝎在受虐待，而且十分粗暴。直到最疲惫的那只蝎子松手，把自己全力争夺的温柔对象拱手让给对手。

还有个情敌之间公平竞争的例子。当一只身材瘦小的雄蝎和它的女伴散步的时候，突然出现了另一只更加壮实的雄蝎。它对雌蝎一见钟情，该怎么办？是大战一场吗？根本没有。

壮汉没有为难小矮个儿。它直奔自己追求的姑娘，一把抓住雌蝎的尾巴。现在就看谁的力气大了，一只雄蝎在前拉，另一只在后扯。短暂的争斗之后，两只雄蝎各自拉住了雌蝎的一只螯钳。接着，一只雄蝎在左，另一只在右，疯狂地用力拉着，仿佛它们要把雌蝎大姐肢解了一样。最终，瘦小的雄蝎自认战败，松开手逃走了。大个子握住雌蝎那只被松开的螯钳，没有再发生意外，新的一对儿开始散步了。

我想知道这些蝎子情侣们藏在瓦片下到底干了些什么，可我收获不大。哪怕是在静谧的夜里。我尝试了好几次，全以失败告终。

静谧（jìng mì）：安静。

7月3日早晨近七点，一对情侣吸引了我的注意，我前一夜刚看到它们配成一对，四处散步并找地方住了下来。雄蝎在瓦片下，除了螯钳末端，整个身体都看不见。小屋太狭窄，挤不下它俩。雄蝎进了屋，而肚子溜圆的雌蝎却留在屋外，手指仍被男伴牵着。它的尾巴弯成一个大拱形，懒懒地侧斜着，螯针的针尖放在地上。四平八稳的八条腿摆出后退的姿势，表明它有意逃走，而全身则纹丝不动。

两只蝎子已经这样一动不动地度过了夜里大部分时间，白天仍是如此，一直持续到晚上近八点。它们两两相对有什么感受呢？它们静止不动，手牵着手在做什么呢？假如允许的话，我会说它们在沉思，这是唯一能描绘那些表象的词。可是没有一种人类的语言能有恰当的词汇来形容相互牵着手指的蝎子们那幸福与沉醉的样子。对那些不可能理解的事情，我们还是保持缄默吧。

可有一次，我隐约看见了这道令我朝思暮想的难题的答案。当我翻起石块时，雄蝎正翻转着身体，但仍然握着雌蝎的手。它肚子朝天，慢慢地后退着滑到它女伴的身下。当雄蟋蟀的恳求终于被雌蟋蟀接受之后，它也是这样行事的。蝎子夫妇只需一动不动地保持这种姿势，就可以完成交尾了，也许它们就是通过梳状栉的相互咬合来达到固定不动的目的的。

有时候瓦片之下只有雌蝎，雄蝎已经想法脱身离开了，它之所以中止了洞房里的欢爱，是有重要原因的。尤其在五月，当这种爱情游戏进

缄默（jiān mò）：闭口不说话。

行得如火如荼之时，我常常能看到雌蝎将丈夫杀死，然后有滋有味地慢慢品尝①。

　　尽管雌蝎经常享用自己丈夫的尸体，但却没有严格的规定，吃多吃少得由它的胃口决定。我看到一些雌蝎对婚礼后的食物不屑一顾，只是简单地吃了死者的头，接着便把尸体扔到路上，连看都不看它一眼。我还曾看到这样的悍妇，在众目睽睽之下，伸直胳膊举着死去的雄蝎，在众人面前行走，仿佛举着一件战利品。接着，它再也不举行任何仪式，便把尸体完好无损地放下来，抛给了急不可耐的肉食者——蚂蚁。

①写出了朗格多克蝎子交尾后的结果——雌蝎吃掉雄蝎，照应前文。

如火如荼（rú huǒ rú tú）：形容旺盛、热烈或激烈。
悍妇（hàn fù）：凶悍蛮横的妇女。
众目睽睽（zhòng mù kuí kuí）：形容大家的眼睛都注视着。

31 朗格多克蝎子的家庭

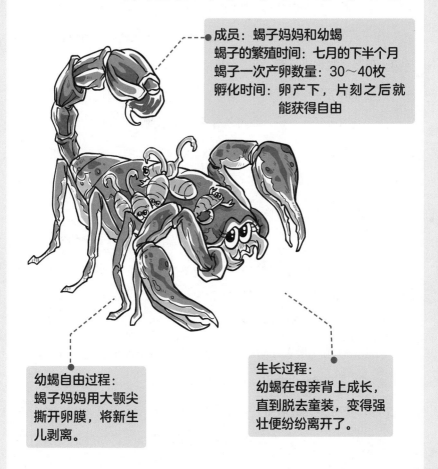

成员：蝎子妈妈和幼蝎
蝎子的繁殖时间：七月的下半个月
蝎子一次产卵数量：30～40枚
孵化时间：卵产下，片刻之后就
　　　　　能获得自由

幼蝎自由过程：
蝎子妈妈用大颚尖
撕开卵膜，将新生
儿剥离。

生长过程：
幼蝎在母亲背上成长，
直到脱去童装，变得强
壮便纷纷离开了。

　　本章主要讲述的是作者在巴斯德的影响下，对朗格多克蝎子的繁殖
情况进行了观察和研究，结果大获全胜。在这个过程中，他了解到蝎子
是孪生的；它的繁殖是在九月之前完成的；雌蝎子有主动保护幼蝎子的
本能，等等。

在许多情况下，无知反倒不是一件坏事，因为这样的思想能让你自由地探索，而不会为现有的书本知识所束缚，我深知并亲身体验过。

有一篇解剖学论文告诉我，朗格多克蝎子在九月份开始会有家庭的负担，但是，观察告诉我，其实它们的繁殖时间是在九月份之前，至少在我们这儿的气候环境下如此。同时，由于我对蝎子的饲养观察时间很短，要是真的等到九月份，我可就什么都见不到了。那样的话，为了最终能看到我想看到的场景，我就不得不进入第三个枯燥乏味的年头，继续观察和等待。要不是发生了特殊情况，我便会让稍纵即逝的机会溜走。

有一天，那位不久之后便大名鼎鼎的巴斯德突然敲响了我家的门，他是为了养蚕的事到阿维尼翁地区巡访的。几年来，养蚕场受到了莫名灾难的侵袭，陷入了困境。那些蚕儿不知什么原因都腐臭衰败了，变成了像石膏一样僵硬的杏仁糖。

当我把蚕茧从房东家给他拿过来时，他好奇地把茧放在耳边摇了摇，竟不知道里面发出响声的是蛹。他对蚕、茧、蛹以及化蝶的过程都一无所知，却来这里拯救蚕儿。巴斯德强烈的自信令我惊讶。

这个新手，连我们南方乡下最不起眼的小学生都知道的蚕茧的问题，他都不懂。可就是他，却要对蚕儿的卫生状况进行改革，并且后来还在普通医学和卫生领域引起了一场革命。

枯燥乏味（kū zào fá wèi）：单调，没有趣味。
大名鼎鼎（dà míng dǐng dǐng）：名气大，知道的人多。
巡访（xún fǎng）：巡回访问。

巴斯德的武器就是思想，他不拘泥于细枝末节，而是在整体上把握全局。对他来说，化蝶、幼虫、若虫、蚕茧、蛹壳、蛹，还有成千上万的昆虫学小秘密又有什么重要！就他眼前的问题而言，这些细节也许最好一概不知。这样一来，思想便能更好地保持独立，大胆飞跃，只有冲破了一切已知的束缚，他的活动才会更加自由①。

巴斯德万分惊讶地听到蚕茧里发出声响，这个绝妙的例子鼓舞了我，我为自己制定了一条策略，就是采取无知的方法对昆虫的本能进行研究。我不看书，也不向别人请教，而是顽固地与我的研究对象单独相处，直到它开口说话②。

我在小广口玻璃瓶里养了一些黑蝎，为了用它们与朗格多克蝎进行对比。7月22日早晨六点多，我掀开硬纸板做成的顶棚，发现下面有一只雌蝎，背上聚满了它的孩子，这是我第一次看到雌蝎身上爬满幼虫的美妙景象。它刚刚结束分娩，一定是在夜间完成的，因为前一天这只雌

①巴斯德的举动照应了文章开头的观点，有时无知并不是一件坏事。
②法布尔受到巴斯德的影响，改变了观察策略。

拘泥（jū nì）：固执；不知变通。
细枝末节（xì zhī mò jié）：比喻事情或问题的细小而无关紧要的部分。

蝎背部还是裸着的。

接着，陆陆续续地，我看到四个蝎子家庭。这时，我便想到玻璃大笼子，我想朗格多克蝎子是不是也会像黑蝎

子一样早育，于是我把那里的二十五个瓦片全都翻转，真是大获成功！激动的心情难于言表，我发现在三片瓦片下有拖儿带女的雌蝎。

七月份结束了，八月、九月也过去了，我收集的蝎子中再也没有任何添丁的迹象。因此，无论是黑蝎子还是朗格多克蝎子，它们繁殖的时间都是在九月的下半个月。

我将每一只雌蝎妈妈连同它们的孩子分别装进容积较小的容器里，以便对它

们进行细致的观察。在蝎子妈妈身下找到的残留物中，我看到了卵，真正的卵，几乎与通过解剖从怀孕后期的卵巢中提取的卵相差无几。这足以从根本上推翻了我从书本上学到的少得可怜的知识——蝎子是胎生的①。

这些东西确确实实就是卵。起初，朗格多克蝎子一次能产30～40枚

---

① 法布尔用亲眼观察到的事实推翻了书上所说"蝎子是胎生的"这个结论。

卵，黑蝎则略少一些。蝎子其实是卵生动物，只不过它的卵孵化十分迅速。幼蝎在卵产下的片刻之后，便能获得自由。

不过，幼蝎是怎么从卵中获得自由的呢？我极为有幸地看到了这一过程。只见蝎子妈妈用大颚尖轻轻地叼住卵膜，将其撕开、剥下并吞进肚去。它小心翼翼地将新生儿剥离出来，温柔得就像母山羊和母猫吃胎膜一样。虽然使用的工具很粗糙，可它对小蝎刚刚形成的肌肉没有造成丝毫的损害，也没有丝毫扭伤。

朗格多克蝎子的幼仔从额头到尾尖体长9毫米，黑蝎的幼仔为4毫米。剥离卵膜的清洁工作结束后，幼蝎们便一只一只不紧不慢地沿着蝎子妈妈平放在地面上的螯钳，爬上了母亲的脊背，后者之所以将螯钳这样放着，就是为了方便幼蝎的攀登。它们一只紧挨着一只，胡乱聚集成群，在母亲的背上形成绵延的一片。它们借助自己的小爪子，安安稳稳地待在那儿。假如在用刷子刷的时候不用一点力，要把这些柔弱的小生命扫下来还真不容易。蝎子妈妈充当的坐椅和它背上载着的幼蝎都保持这种状态，一动不动。实验的时候到了。

假如我拿一根稻草秆接近那群孩子，雌蝎便会即刻举起一双螯钳，一副被激怒的样子，这种态度即使是在它自卫时也很少见。它直起双拳，摆出拳击的架势，两只钳子张得大大的，做好了反击的准备。但它的尾巴极少挥动，也许是因为尾巴突然放松会牵动脊背，从而将背负着的一部分孩子抖落下来。有双拳的威慑足矣，它们勇猛、迅速、威风凛凛。

这一次，我让雌蝎脊背上的一部分幼仔掉了下来。小蝎子们四散落下，但距离母亲并不远。这一回雌蝎迟疑了相当长的时间。当这群孩子漫无目的地四处乱跑时，母亲终于为此着急起来。它将双臂——我用这个词来称呼蝎子带钳的前肢，围成半圆，一边耙地，一边掠过沙砾，将迷途的孩子们聚集起来。不过大家都平安无恙。小蝎子们只要一碰到母

亲，就攀上去，重新聚集到它的背上^①。

幼蝎在母亲的背上生长着，直到它们脱去童装，获得清晰的轮廓。

幼蝎们在成长的同时，体色也开始显现，胃口也开了。然而，雌蝎只管自己进食，是不会关心孩子的饥饱的^②。

幼蝎们总共在母亲背上待两个星期左右的时间，小蝎们强壮了，分道扬镳的时刻到来了。

读懂经典文学名著，爱读会写学知识
微信扫描目录页二维码，获取线上服务

①作者用实验证明，雌蝎有主动保护幼蝎的本能意识。
②雌蝎虽关爱幼蝎，但对孩子的饥饱它们是全然不顾的。

32 萤火虫

萤火虫

食物；蜗牛
食用方法：是"吸"而不是"吃"
捕食过程：先将猎物麻醉，使其失
去知觉，然后再去享受
大餐，直到剩下零星的
残羹冷炙

发光原理：
灯光随着到达灯芯的
空气量的变化而变
化，空气流量越大，
亮度也就越大。

本章主要讲述的是萤火虫的饮食习惯和发光原理。在介绍萤火虫的
饮食时，作者以蜗牛为例子，介绍了它与众不同的捕猎方法和独特吃
法。作者还通过介绍萤火虫的身体构造，向读者讲述了萤火虫的发光原
理，引人思考。

　　"萤火虫"这个名称早在古希腊就有，但它不是蠕虫。因为萤火虫身上穿着衣服，并没有像蠕虫一样没有任何遮蔽物，一丝不挂。外皮就是它的衣服，它用这色彩丰富的外皮来保护自己。这一点使它的法语俗称——"发光的蠕虫"相形见绌。

　　暂且撇下这蹩脚的名称，来看看萤火虫的食物吧，萤火虫的食物主要是蜗牛。但对于它的猎物，它有独一无二的捕食方式。这些细节昆虫学家们仍然知之甚少，或者说一无所知①。

　　萤火虫在享用猎物之前，先将它麻醉，使它失去知觉，就像人类进行手术前使用的麻醉剂一样。但这种聪明的家伙对于它的捕猎场是很熟悉的。沟渠边是它常常光顾的地方，我们可以用实验来展示。

　　我在一个广口玻璃大瓶中放入一些草、几只萤火虫和不大不小的变形蜗牛。萤火虫看到猎物时，用它那带有沟槽的獠牙，将某种病毒注入了蜗牛体内。它的麻醉工具屡次轻击蜗牛的外套膜。它的一举一动都很温柔，看起来不像是叮咬，而是毫无恶意的亲吻。小伙伴之间嬉闹扭打的时候，会经常用手指尖轻捏对方，我们一起称此为"拧"，这只是挠

　　① 简要概括萤火虫的饮食习性，并引出下文。

　　一丝不挂（yī sī bù guà）：形容赤身裸体。
　　独一无二（dú yī wú èr）：没有相同的；没有可以相比的。

痒，而不是真正的攻击。在同动物谈话时，使用一些孩子的语言是没有关系的①。

萤火虫"拧"的次数最多只需五六次，虽然次数不多，却足以让蜗牛一动不动、失去知觉，因为这种麻醉的方法实在是太神速了。蜗牛被刺的肌肉连一点颤抖的迹象都没有，真正的尸体也不过如此。

有时，我会碰巧看到正在前进中的蜗牛遭到萤火虫的袭击。这些蜗牛的脚微微蠕动，触角鼓起，身体完全展开。突然，软体动物做了几个动作，看得出它受到了短暂的刺激。接下来，它就完全静止不动了，它的脚再也不能前进，身体的上半部分也没有了原先天鹅颈般优雅的弧线。它的触角松弛下来，在自身重量的作用下摇晃着，弯曲成了折断的棒子。这种状态可以持续很长时间。

但这只蜗牛并没有死，我能轻而易举地让它从假死状态中苏醒过来。我对它进行了一次淋浴。两天后，它又恢复了正常。所以我说这种暂时消除猎物行动能力和痛楚的方式就是麻醉②。

对于蜗牛这种性情温和，绝对不会主动攻击的对手，萤火虫为什么还要利用麻醉的方法来对付它呢？我想我可能发现了其中的原因。在阿尔及利亚有一种叫毛里塔尼亚德里尔的昆虫，构造和习性与萤火虫很相似，只是它不会发光。它的猎物是一种圆口螺，有着一个不可能打破的严实的外壳。

①作者通过生动传神的拟人手法，写出了萤火虫制服猎物的技巧。
②通过对蜗牛的叙述，突出了萤火虫独一无二的捕食方式——麻醉。

痛楚（tòng chǔ）：悲痛，苦楚。

为了它的猎物，毛里塔尼亚德里尔虫可以几天几夜地坚持着，把吸附器吸附在螺壳表面，直到圆口螺为了空气和食物打开门。此时，毛里塔尼亚德里尔虫发起进攻，并取得胜利。人们最先以为毛里塔尼亚德里尔虫是用一把锋利的剪刀剪断了连着螺壳的那块肌肉。其实不是，是它趁螺壳打开的瞬间，轻松地拧了几下，将猎物麻醉，让它不能动弹，然后再充分地享用猎物。萤火虫和毛里塔尼亚德里尔虫相似的习性让我猜测萤火虫攻击蜗牛的手法可能和这种昆虫的手法是一样的。

萤火虫麻醉蜗牛的行动是很谨慎的。如果蜗牛在地面上，无论它是在爬动还是缩在壳里，萤火虫的攻击都是易如反掌的。作为攻击者，它对猎物下手必须很轻，不能让后者缩回壳里，因为这样会让惬意地打着盹儿的蜗牛脱离支撑它的枝干或墙面，掉到地上。这软体动物吝啬于使

易如反掌（yì rú fǎn zhǎng）：像翻一下手掌那样容易，形容事情极容易办。

用黏液。对萤火虫来说，让猎物掉到地上等于是
失去了猎物，因为它只是利用幸运之神
送到面前的食物，而不想苦心搜寻。
如此看来，绝妙的办法就是突然将
猎物麻醉，不让它感到痛苦，并让它
陷入沉睡。这样，萤火虫也就可以达到
目的，安安稳稳地享用大餐了。

　　萤火虫享用蜗牛时，是"吸"而不是
"吃"。它采取蛆虫那样的方法，将猎物转化成稀薄的
流质，然后再吸食。

　　萤火虫刚将一只蜗牛麻醉。即使有时猎物的体形很大，比如那种普
通的散大蜗牛，萤火虫也几乎总是独自完成对它的麻醉。可此后不久，
客人们就陆陆续续地来了，两只、三只，甚至更多，它们并没有和猎物
的真正主人发生争执，而是大吃大喝起来。它们这样在猎物上操作两三
天，然后再把蜗牛壳翻过来，开口朝下，这时壳里的液体就会流出来，
像大锅里的肉汤被打翻了一样。当这些食客们喝饱了肉汤离开时，壳里
就只剩下零星的残羹冷炙了①。

　　萤火虫吸食蜗牛的手法很高明，它没有将蜗牛从光滑垂直的支撑物
上碰落，蜗牛壳仅靠一点黏性很差的黏液吸附在玻璃上，甚至连动都不

---

　①具体写出了萤火虫吸食蜗牛的过程，同时也表明了萤火虫是一种慷慨待
　客的昆虫。

　残羹冷炙（cán gēng lěng zhì）：指吃剩的饭菜。

动。可是，壳里面的肉却被吃得干干净净，空空如也。

在这样的平衡状态下，萤火虫除了那既短又不灵活的腿脚外，还需要一种特殊的器官，来对付光滑的表面，抓住难以攀附的东西。那就是它尾部的十二根短小的肉刺，这是萤火虫的吸附和运动器官。

萤火虫还会闪闪发光。萤火虫的发光器长在虫体的后三节，分为两组：一组位于身体的最后一节之前的两节上，是一大块带状发光器；另一组在身体的最后一节上，是两个光点。那两块带状发光器是成年雌虫独有的特征，也是亮光最强的部分。但在没有蜕变和发育前，它们的尾部还是那不起眼的昏暗的烛光。

至于雄萤火虫，它完全地发育了，外形改变，长出了翅膀和鞘翅。这种亮光在萤火虫的背部和腹部都可以看见，而雌虫所特有的两条光带却只在腹部发光①。

我用自己所剩无几的视力和手力对萤火虫进行了解剖，来分析它的发光器的结构。我发现它的发光物质是由一种特别细腻的颗粒状物质构成的白色涂料。紧靠着这块发光带，有一条奇特的导管，主干短小粗壮，分支延伸到发光层的表面，甚至深入其中。这就是萤火虫的发光器。

发光器的运作要依靠呼吸器官，这是一个氧化的过程。白色涂层提供可氧化的物质，导管向这物质输送气流。但构成这涂层的物质并不是

①作者在介绍萤火虫的发光器时，语言真实，逻辑性强，易于读者理解。

解剖（jiě pōu）：为了研究人体或动植物体各器官的生理构造，用特制的刀、剪把人体或动植物体剖开。

磷，答案在一个未知的地方。

　　另外，伸向发光层的粗大导管中空气流量越大，萤火虫的亮度也越大，导管随着萤火虫的意志，减慢甚至暂停空气的输送，光也随之减弱甚至熄灭。总的来说，这是灯光随着到达灯芯的空气量而变化的机制。

　　萤火虫大多时候都能亮着光，只有很严重的原因才会使它完全熄灭自己的信号灯。所以，萤火虫无疑能自己控制灯光，随心所欲地将它点燃或熄灭。但是有一种情况，萤火虫的意识控制不起作用。当我从萤火虫的表皮上取下一小块附着发光层的碎片，将它放入玻璃管中，这块死皮仍然光亮如故，不过亮度不及原来在活虫身上时。在含有空气的水中，光就像在空气中一样明亮，但在煮沸后的失去了空气的水中，它就熄灭了。

　　这说明，发光层并不一定需要附在活虫身上才能放出光来，但萤火虫的灯光是一种缓慢的氧化过程。

　　萤火虫的光虽然很亮，但照明能力却很低。当这些光亮聚集到一起，我们并不能看清萤火虫的清晰形状，所有光彩夺目的灯形成了黑底上模模糊糊的一些白点。

　　这时，它们不像刚才在灌木丛下时那么安静，而是开始做一种激烈的体操。它们扭动灵活的尾部，以断断续续的动作，朝各个方向旋